天气预报科学应用

——宁波气象谭

陈有利　王　毅
　　　　　　　　编著
陈从夷　季　鹏

U0309254

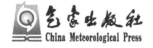

气象出版社

China Meteorological Press

内容简介

本书用翔实的科学数据,结合宁波本地天气、气候特点,解释了健康、生活、经济、防灾、文学、谚语诸方面所根植的气象元素及其天气科学原理,集欣赏与增进科学知识于一体,值得气象爱好者阅读。

图书在版编目(CIP)数据

天气预报科学应用 : 宁波气象谭 / 陈有利等编著. --
北京 : 气象出版社,2016.9
 ISBN 978-7-5029-6418-4

 Ⅰ.①天… Ⅱ.①陈… Ⅲ.①天气预报-宁波 Ⅳ.①P45

中国版本图书馆 CIP 数据核字(2016)第 209575 号

TianQiYuBao KeXue YingYong——NingBo QiXiangTan

天气预报科学应用——宁波气象谭

出版发行:气象出版社

地 址:北京市海淀区中关村南大街 46 号   **邮政编码**:100081

电 话:010-68407112(总编室) 010-68409198(发行部)

网 址:http://www.qxcbs.com   **E-mail**: qxcbs@cma.gov.cn

责任编辑:杨泽彬   **终 审**:邵俊年

责任校对:王丽梅   **责任技编**:赵相宁

封面设计:博雅思企划

印 刷:北京京华虎彩印刷有限公司

开 本:710 mm×1000 mm 1/16   **印 张**:13.5

字 数:270 千字

版 次:2016 年 9 月第 1 版   **印 次**:2016 年 9 月第 1 次印刷

定 价:69.00 元

序

气象,对大多数人来说,是一个熟悉而又陌生的领域。

说它熟悉,是因为人类生活在大气中,我们每一个人每一天都要与气象打交道。疾病的预防、身体的保健需要根据天气情况适当调整,穿什么样的衣服取决于气温的高低,选择何种出行方式取决于天气的晴雨,进行户外作业、开展户外活动等也受天气条件的制约,各行各业的生产同样受到天气的影响,可以说没有哪个行业像气象这样,与我们的生活、工作、休闲有着这么紧密的关联。

说它陌生,是因为大多数人对气象的认识只是知其然,而不知其所以然。人们认识各种天气现象,却对天气现象的成因不甚清楚;人们每天接收天气预报信息,而对天气预报是如何制作不太了解;人们感受到气候的变化,但对气候变化的成因及其后果一知半解,这些都是人们在面对气象时容易产生的疑问。

另一方面,人们既通过诗词、歌舞等艺术形式赞美气象之美、歌颂大自然之神奇,又在面对气象灾害时产生恐惧,害怕大自然会给我们带来损失与苦难。因此,人们渴望获得防御气象灾害的方法,在面对气象灾害时能化危为安,保护生命和财产的安全。

传播气象科学,弘扬气象文化,是当代气象工作者义不容辞的责任,我们也在这方面做了很多的工作。气象部门将防灾减灾知识讲座开到校园、社区,每年的"3·23"世界气象日举办一系列的宣传活动,制作宣传影视片,发放气象知识手册,……这些都是为了让大家充分认识气象,了解气象防灾减灾知识。

如果能用一本书,增强人们对气象领域的兴趣,让人们更加全面深入地了解气象知识,使人们掌握科学、有效防范气象灾害的技能,那是再好不过的了。编著《天气预报科学应用——宁波气象谭》是朝着这个方向做出的一个有益的尝试。本书将气象科学与我们的健康、生活、各行各业、防灾减灾、文学、谚语等方面结合起来,涵盖了诸多领域,又结合了宁波本地的天气、气候特点,本土化气息浓厚,值得气象工作者和气象爱好者阅读,希望能带领读者进入一个气象万千的世界,让大家领略到气象科学的独特魅力。

宁波市气象学会 [①]

2016 年 6 月

---

① 陈智源:宁波市气象学会理事长。

前　言

　　人类生活在大气层中，人类的各种生产和文化活动也都在大气层中进行。所有这一切都离不开大气，气象对人类的重要性不言而喻。然而，气象如何影响我们的衣食住行，如何影响经济社会，人们应如何防灾减灾等一系列问题的答案，都是人们或多或少了解，但又不是特别全面细致掌握的。因此，很有必要编著一本关于如何科学应用天气预报的书籍，这就是作者的初衷。

　　作者认为，气象对人类最直接的影响是健康和生活，所以本书前两章在宁波气象指数研究基础上介绍这两方面的内容。而随着经济社会的发展，各行各业都受到气象的影响和制约，第3章介绍各个行业与气象的关系。为了保障人们生命和财产安全，防范各类气象灾害是必不可少的，因此，第4章花了很大的篇幅介绍气象防灾减灾的相关知识。第5章的文学篇和第6章的谚语篇，则收录了有关气象的诗词和气象谚语以及与气象有关的宁波老话、歇后语、谜语、趣闻等，帮助读者从另外一个视角了解气象。第7章是与气象有关的知识问答，内容包括天气预报的历史、宁波气候和一些天气现象的科学探因等，让读者更全面地了解气象。本书涉及的内容较为广泛，但在编排上各个章节有一定的独立性，方便读者挑选自己感兴趣的内容阅读。

　　本书列入宁波市科协2016年科普项目，由宁波市气象学会、宁波市气象台、民航宁波空管站气象台等单位的陈有利、王毅、陈从夷、季鹏编著，宁波市气象学会理事长陈智源同志为之作序，在编著的过程中，得到了丁烨毅、黄鹤楼、顾思南、顾小丽、郭宇光等同志的大力支持与帮助，在此表示诚挚的谢意。

　　考虑到本书是偏重于科普的一本读物，所列内容部分是已经发表过的，要一一说明出处会使参考文献太多，因此，只是附了主要的参考文献，请读者谅解。

　　由于作者的知识水平有限，表达能力亦难尽人意，书中不当之处请读者批评指正。

作　者

2016年6月

目　　录

第1章 健康篇

健康是人类生存发展的要素,它属于个人和社会。随着生活水平和认知程度的提高,人们越来越渴望拥有健康的体魄,越来越注重身体的保养,而天气气候对人体健康的影响是不容忽视的。阳光、气温、气压、湿度、风、空气负氧离子等气象要素的改变会使人体的心理、生理产生变化,关节炎、感冒、气管炎、高血压、心肌梗死、中暑、牙周病、精神病等疾病的发作以及许多传染性疾病的流行都与天气条件有着密切的联系,死亡率的高低甚至与天气也有一定的关联,而人们的养生、保健也需要根据天气气候的变化适时调整。在一定程度上,关注天气变化是身体的保健、疾病的预防与康复的前提。健康是金,是生产力,是成功人生的基础,是一切的"一"。健康需要新思维,让气象知识为您的健康投资,为您的健康提供正能量。

1.1　阳光与人体健康

没有阳光,人类就不能生存。太阳辐射对人体生理过程的影响主要取决于波长,按其波长范围分为红外辐射、可见光辐射和紫外辐射等三个波段。

红外辐射——主要产生热效应,亦称热辐射。人体皮肤长时间受红外辐射照射后将引起红斑,停止红外辐射照射后红斑会自然消失,一般不会有色素沉积,但若反复多次照射,则可引起一种称作"真皮纹"的红外辐射色素沉积。持续时间较长的红外辐射照射将引起眼球结膜和角膜疼痛发炎,医学上称作"日光炎"。波长$\geqslant 1\ \mu\mathrm{m}$的红外辐射可以穿透并损伤视网膜,常引起白内障。

可见光辐射——对人体不仅有生理影响,还有心理影响。从生理影响看,太阳辐射具有明显而规律的昼夜交替变化,使视力正常的人的许多生理活动也具有明显的昼夜节律。

紫外辐射——紫外线能杀死皮肤上的细菌,预防疖疮、毛囊炎等皮肤病,促进钙磷代谢,增强机体的免疫能力,适当照射对人体有好处。但紫外辐射可引起皮肤红斑,与上述红外辐射红斑不同,它因血液流量减少而产生,停止照射后不易消失,且有灼烧感。人受紫外辐射照射过度,头发会变白,发根周围皮肤有损害。人眼受太阳直接照射时,视网膜将受紫外辐射伤害。紫外辐射对肠道、循环系统、一般代谢、下丘脑、脑垂体和甲状腺、肾上腺等的内分泌功能都有影响。

人们如果一到冬天就足不出户,就会因光照不足,出现精神萎靡、疲乏、大脑反应迟钝、昏昏欲睡等表现,此即有可能为抑郁症的前兆。如能常到户外进行日光浴,此类症状即可消除。日光浴是一种让日光照射到人体皮肤上,引起一系列理化反应,以达到健身治病目的的防治疾病方法。进行日光浴可用直接照射法,可取卧位或坐位,必须按照循序渐进的原则,逐渐扩大照射部位和延长时间,使人体逐渐适应日光的刺激;也可采取全身日光浴,根据病变部位的不同,采取背光浴、面光浴、部分肢体浴等。

1.2　负氧离子对人体机能的调节

负氧离子对人体的影响主要有:能调节神经系统功能,使神经系统的兴奋和抑制过程正常化;可加强新陈代谢,促进血液循环,使血沉减少,血浆蛋白增加,红细胞上升,白细胞减少;可促进人体内形成维生素及贮存维生素;能使肝、肾、脑等组织的氧化过程加速,并提高其功能作用;能改善呼吸功能。宁波西部山区的负氧离子浓度常年在 10000 个/cm³ 以上,常去四明山、溪口等地区活动对人体大有益处。

1.3　冷热变化对人体生理的影响

气温对人体影响最直接。气温的急剧变化往往使人体难以适应,年老体弱者容易诱发疾病。如冷空气来临前气温显著回升、冷锋过境后气温急速下降,这种在短时间内气温的急剧变化容易诱发感冒、高血压、心肌梗死等疾病,损害人体健康,甚至危及生命。

冷暖干湿与肝胆脾生理反应——寒冷天气会增加肝脏内的糖原转化、肝酶形成、肝细胞呼吸,并可改变肝醋酸纤维素代谢。天气忽冷忽热常通过脾脏影响交感神经系统功能,增加红、白细胞和血小板输出。冷暖凉热剧变引起的胆囊代谢紊乱则常促使胆汁中的胆固醇分泌增多,并与胆汁中的盐一起沉淀形成胆结石,反复冷暖剧变常诱使胆结石发作。

内分泌的生理反应——天气寒冷将引起甲状腺强烈活动,毛细血管明显充血,并可能导致甲状腺功能亢进;天气炎热时甲状腺活动迟缓。天气转冷时会引起肾上腺肥大,活动减弱;天气转暖将使肾上腺活动增强、腺内抗坏血酸和胆固醇含量减少。

血压、血液的生化特征——天气转暖时,人体血压将降低;天气变冷时,则升高。

天气寒冷时,血液中的血红蛋白、丙种球蛋白含量高,白蛋白、纤维蛋白原含量低;天气炎热时则相反。暖季血凝时间缩短,冷季血凝时间延长。

1.4　低温对人体生理的影响

一次强寒潮的到来,气温可急降 10℃ 以上,凛冽、强盛的寒风更增强寒冷感(如俗语冷在风头)。寒冷的刺激,会使血流缓慢、血中蛋白增多、血内肾上腺激素含量升高、冷球蛋白凝聚,甚至会导致暂时性血栓的形成。低温、寒潮易导致感冒流行,也是心脑血管疾病、呼吸系统疾病及关节炎的高发期。

宁波多年平均日最低气温在 0℃ 以下的低温天数为 26.2 天,最多的年份为 1963 年,达到 57 天,最少的年份为 2006 年,只有 7 天。宁波极端最低气温为 −11.1℃,出现在 1977 年的奉化。

1.5　高温下人的反应

33℃——汗腺开始启动。在这种温度下工作 2～3 h,人体"空调器"——汗腺就开始启动,通过微微渗汗散发积蓄的热量。

35℃——散热机制立刻反应。这时皮肤微微出汗,心跳加快,血液循环加速。对个别年老体弱散热不良者,需要配合局部降温。这是启用室内空调的起始温度。

36℃——人体"自我冷却",一级报警。在这个温度条件下,人体通过蒸发汗水散发热量进行"自我冷却",每天大约排出 5 L 汗液,可带走钠 15 g,维生素 C 50 g 及其他矿物质,血溶量也随之减少。此时,一定要注意补充含盐、维生素及矿物质的饮料,以防电解质紊乱。

38℃——多脏器参与降温,二级报警。一旦气温升至 38℃,人体通过汗腺排汗已难保持正常体温,不仅肺部急促"喘气"以散发热量,就连心脏也要加快速率,输出比平时多 60％ 的血液至体表,参与散热。这时降温措施、心脏药物保健及治疗均不可有丝毫松懈。

39℃——汗液濒临枯竭,三级报警。汗腺疲于奔命地工作,已经无能为力并趋于衰竭,这时很容易出现心脏病猝发的危险。

40℃——大脑顾此失彼,四级报警。高温已直逼生命中枢,大脑已顾此失彼,以致头晕眼花,站立不稳。此时人必须立刻移至阴凉地方或借助空调器降温。

41℃——危及生命的休克温度。排汗、呼吸、血液循环……一切能参与降温的器官,在开足马力后已接近强弩之末。此时生命临危,刻不容缓地需要紧急救护,对体弱多病的老年人,这是一个动摇生命根基的休克温度。

2000年后的近15年,宁波的高温明显增强增多,市区35℃以上的高温日数平均达22.4天,最多的年份为46天(2003年),余姚达58天(2013年)。超过38℃的高温日数最多的年份为2007年,达到22天。超过40℃的高温天气比较少见,但2013年市区40℃以上的高温天数多达11天,奉化达15天。宁波极端最高气温为43.5℃,出现在2013年的奉化。

1.6　气压对人体生理的影响

气压对人体影响可分为两个方面,一是影响人体氧气供应,如登山,由于海拔高度越高,气压越低,人体为补充氧气就加快呼吸及血液循环,从而出现呼吸急促,心率加快等现象。因肌体缺氧,尤其是脑缺氧,还会出现头晕、头痛、恶心呕吐和四肢无力等症状,严重时还会发生肺气肿甚至昏迷,这就是我们常说的"高山反应"。二是在气压突变时,会引起生理、心理变化。一般随冷锋或冷气团入侵,气温下降,血压升高;随暖锋或暖气团入侵,气温上升,血压降低。由天气变化引起的气压变化,也对失眠、精神分裂和心脏衰竭等疾病有一定影响,例如当冷锋过境或冷气团入侵气压骤升时,失眠、精神分裂和心脏衰竭现象将加剧。宁波年平均气压为1016.2 hPa,1月气压最高,7月气压最低。

1.7　湿度对人体生理的影响

湿度对人体生理的影响也不能忽视。在夏季,当湿度增大、水汽趋向饱和时,会抑制人体散热功能,使人感到十分闷热和烦躁。在冬天,当湿度增大时,则会使热传导加快20倍,使人觉得更加阴冷,关节炎患者病情也会加重。当湿度太小时,易出现上呼吸道黏膜肿痛、声音嘶哑和鼻出血等症状,并易诱发感冒。

由于宁波地处东部沿海,空气湿润,年平均相对湿度为79.2%,年平均最小相对湿度也有70.4%,体感较为舒适。

1.8　风对人体的影响

据研究,当风速大于0.5 m/s时,才会影响人体的体温调节和感觉。当气温高时,风会加强汗液的蒸发;当气温较低时,风能加强热传导和热对流,促使身体热量散失较多而引起感冒。温和的风使人精神焕发,持续的强风能引起精神兴奋,并阻碍人的呼吸过程。

1.9 气候变化对人体健康的影响

当全球气候变暖引起生态环境发生急剧变化时,必然会影响到人体健康。气候变化对人体健康的影响包括直接影响和间接影响,其中直接影响是指变化的天气形势,即气候系统本身的变化(例如温度升高、更强和更频繁的极端事件)对人体健康带来的影响;间接影响是指气候变化通过影响水、空气、食品质量和数量、生态系统、农业和经济系统等对人体健康造成影响,例如气候变化会影响饮水供应、卫生设施、农业生产、食品安全及媒介传播疾病和水传播疾病等各个方面,这些方面的变化都会给人体健康和生活带来影响甚至严重影响。

全球气候变暖常伴随着热浪发生频率及强度增加,从而导致某些疾病发病率和病死率的增加,是全球气候变暖对人类健康最直接的影响。热浪会导致中暑人数增加,增加心血管、脑血管及呼吸系统等疾病的死亡率。露天工作者,如交警、公共汽车司机、建筑工人,更是受到了热浪的严重威胁。高温会使病菌、细菌、寄生虫、敏感原更为活跃,从而增加各种疾病的发病率。高温酷热还直接影响着人们的心理和情绪,使人容易疲劳、烦躁和发怒,从而增加各类事故发生率和犯罪率。另外,热浪频率和强度增加还会增加湿度和城市空气污染,进一步加剧夏季极端高温对人类健康的影响。

极端事件频率和强度增加,各种风暴、洪水、干旱、台风等对人体健康的影响都是灾难性的,尤其对资源匮乏的人口稠密区。各类自然灾害或直接造成人员伤亡,或通过损毁住所、人口迁移、水源污染、粮食减产(导致饥饿和营养不良)等间接影响健康、增加传染病的发病率,或损坏健康服务设施。

空气污染与气象条件关系密切。在全球变暖的大环境背景下,由于异常天气出现,如夏季高温、冬季变暖、干旱等,会造成局地空气质量下降。特别是在人口密集的大城市,由于存在城市热岛效应,大气污染物不易扩散,易造成严重污染。各类污染物进入人体,会引起人体感官和生理机能的不适反应,产生亚临床和病理改变,发生各种急、慢性疾病甚至导致死亡。

许多传染性疾病的病原体、中间媒介、宿主及病原体复制速度都对气象条件十分敏感。例如,随着温度升高,动物内脏和食物中的沙门氏菌和水中的霍乱菌的增生扩散速度明显升高,而在低温、低降雨量及缺少宿主的地区,媒介传播性疾病较少。

1.10 关节炎

关节炎泛指发生在人体关节及其周围组织的炎性疾病,临床表现为关节的红、肿、热、痛、功能障碍及关节畸形,严重者导致关节残疾、影响患者生活质量。气温下降、气压降低、湿度增高这三种气象因素是造成关节炎病人局部疼痛加重的主要原因。在宁波,关节炎疼痛的发作往往与冷空气、秋冬季连阴雨、梅雨等几类天气密切相关。

根据气温、气压和湿度的变化情况,可以作出关节炎气象指数预报,其指数共分为5级(表1.1)。

表 1.1 关节炎气象指数

关节炎气象指数	具体影响及防范
1级(不易关节痛)	天气对关节炎病人适宜,不会引发关节痛
2级(不太易关节痛)	天气对关节炎病人适宜,基本不会引发关节痛
3级(可以引起关节痛)	人们应注意防止关节处着凉
4级(容易引起关节痛)	人们应注意防止关节处着凉,平时注意休息和保健,多摄入富含维C食物可防风湿性关节炎
5级(极易引起关节痛)	病人应特别注意做好关节处的保暖工作

1.11 感冒

感冒是由100多种不同病毒感染而引起的上呼吸道疾病,易发人群主体为小孩和老年人。感冒一年四季均可发生,但春季和秋冬之交比较普遍。这是因为病毒在寒冷、干燥的气候环境里存活时间更长,而且在寒冷天气中人体内的黏液分泌迟钝,无法将病毒清除。换言之,温度是一个很重要的因素。

在宁波出现感冒高峰主要有两种天气情况:第一种是冷空气南下时,特别是在秋天进入冬天后第一次强降温;第二种是冷空气过后,天空晴朗,气温日较差大时。这两种天气使人群中感冒增加,主要是由于人体受凉诱发。受凉之所以诱发感冒,是因为寒冷降低了呼吸道的抵抗力。冬、春季一般较干燥,干燥使黏膜极易发生细小的皲裂,病毒易于侵入;当气温下降时,鼻腔局部温度降低到32℃左右,适合病毒繁殖生长;受寒后,鼻腔局部血管收缩,一些抵抗病毒的免疫物质,特别是鼻腔内局部分泌的免疫球蛋白A,在降温后明显减少,为病毒入侵提供了有利条件。第一种情况下,日平均气温和最低气温大幅度下降,这种突然的降温,使人们极易受凉,致使感冒突然爆发。第二种情况下,由于阳光充足日照强,中午热、早晚冷,气温日较差大,这样早晚极易受凉,因此,患感冒的病人也急剧增加。

根据气温的变化情况,可以作出感冒气象指数预报,其指数共分为 4 级(表 1.2)。

表 1.2　感冒气象指数

感冒气象指数	具体影响及防范
1 级(不易感冒)	天气适宜,不会引发感冒
2 级(感冒少发)	天气适宜,基本不会引发感冒
3 级(容易感冒)	人们应注意防止着凉,老年人请特别注意身体保健
4 级(极易感冒)	最近温度变化非常大,且有流感病源的存在,极易诱发感冒人群,人们应特别注意做好预防工作,防止交叉感染

1.12　气管炎

气管炎是指由于感染或非感染因素引起的气管、支气管黏膜炎性变化,黏液分泌增多的一类疾病,临床上以长期咳嗽、咳痰或伴有喘息为主要特征。本病多在冬季发作,春暖后缓解,因此,冬季冷空气带来的降温是导致气管炎发作的主要原因。

根据气温的变化情况,可以作出气管炎气象指数预报,其指数共分为 5 级(表 1.3)。

表 1.3　气管炎气象指数

气管炎气象指数	具体影响及防范
1 级(不易发生气管炎)	天气对气管炎病人条件好,不会引发气管炎
2 级(不太易发生气管炎)	天气对气管炎病人适宜,基本不会引发气管炎
3 级(可以引起气管炎)	人们应当注意保健,保持空气的清新,避免刺激性气体对呼吸道的影响
4 级(容易引起气管炎)	人们应注意防寒,加强身体的锻炼
5 级(极易引起气管炎)	人们应做好防寒保暖工作,同时保持室内空气的流通,避免烟雾、粉尘和刺激性气体对呼吸道的影响

1.13　高血压

高血压以体循环动脉血压增高为主要特征(收缩压≥140 毫米汞柱、舒张压≥90 毫米汞柱)。研究表明,冷空气来临之前气温上升到峰值时发病人数最多,约占发病数的 54%；当气温达到峰值后急速下降时发病人数次多，约占发病数的 34%；上述两种天气形势发病率之和占高血压发病数的 88%。因此，高血压主要在气温和气压变化幅度较大的日期里发病率很高。

根据气温和气压的变化情况，可以作出高血压气象指数预报，其指数共分为 5 级（表 1.4）。

表 1.4　高血压气象指数

高血压气象指数	具体影响及防范
1 级（高血压不易发作）	天气对高血压病人适宜，不会引发或加重病情
2 级（高血压不太易发作）	天气对高血压病人适宜，基本不会引发或加重情
3 级（可以引发高血压）	高血压病人应保持心情愉快，按时吃药
4 级（容易引发高血压）	高血压病人应保持心情愉快，按时吃药，多休息，多吃富含维生素 C 食品，有助降低高血压
5 级（极易引发高血压）	高血压病人应特别注意休养生息，要保持心情愉快，按时吃药，并避免剧烈运动

1.14　心肌梗死

心肌梗死，旧称心肌梗塞，是指急性、持续性缺血、缺氧（冠状动脉功能不全）所引起的心肌坏死，可并发心律失常、休克或心力衰竭等并发症，常可危及生命。突然遇冷可能诱发急性心肌梗死，因此，冬春寒冷季节急性心肌梗死发病率较高。

根据气温等气象要素的变化情况，可以作出心肌梗死气象指数预报，其指数共分为 5 级（表 1.5）。

表 1.5　心肌梗死气象指数

心肌梗死气象指数	具体影响及防范
1 级（不易心肌梗死）	天气对冠心病病人适宜，不会引发或加重病情
2 级（不太易心肌梗死）	天气对冠心病病人适宜，基本不会引发或加重病情
3 级（可以引起心肌梗死）	经常锻炼，多食用谷类和水果纤维可以减少冠心病的发作
4 级（容易引起心肌梗死）	人们平时应多吃五谷杂粮，水果蔬菜，豆制品，少吃肉，多吃鱼，完全食用植物油，进食时配上红葡萄酒，这些良好的饮食习惯，可预防冠心病
5 级（极易引起心肌梗死）	冠心病病人应特别注意早晚做好保温工作，要保持心情愉快，按时吃药，并避免剧烈运动

1.15　中暑

　　中暑是指长时间暴露在高温环境中或在炎热环境中进行体力活动引起机体体温调节功能紊乱所致的一组临床症候群,以高热、皮肤干燥以及中枢神经系统症状为特征。中暑与气温、湿度、风有密切关系。一般来说,在不考虑风的情况下,当气温为30～31℃、相对湿度为85％和气温为38℃、相对湿度为50％以及气温为40℃、相对湿度为30％时,人的体温调节就会受到障碍。另外,在相同气温下,有风时的感觉会比无风时的感觉要舒服一点。

　　每年7—8月是宁波的高温季节,日平均气温为27～29℃,日极端最高气温可达39～42℃。发生中暑的主要因素是气象条件,同时与劳动强度、高温环境、暴晒时间、体质强弱、营养状况等有关。因此,预防中暑要采取综合措施,最主要的是改善小气候环境,通过凉棚、自然通风、机械通风、空调等来降温,其次对工农业生产中的高温作业人员供给合理的饮料和营养,特别是露天作业时,应调整生产时间。

　　下列情况可视为轻症中暑:大量出汗、口渴、头昏、耳鸣、胸闷、恶心呕吐、皮肤灼热或湿冷、血压下降、脉搏细而快、体温在37.5℃以上。除有以上症状外,发生昏厥或痉挛、不出汗、体温在40℃以上,属重症中暑,应及时抢救。

　　根据气温、相对湿度、风的变化情况,可以作出中暑气象指数预报,其指数共分为5级(表1.6)。

表1.6　中暑气象指数

中暑气象指数	具体影响及防范
1级(不中暑)	气温不高,不会引起中暑
2级(可能发生中暑)	气温较高,可能导致中暑。请尽量减少午后在日光下或温度较高的环境中活动
3级(较易发生中暑)	高温天气,较易发生中暑。请注意防暑降温,尽量避免午后在日光下或温度较高的环境中活动
4级(容易引起中暑)	高温炎热持续,容易发生中暑。请及时采取防暑降温措施,尽量减少在烈日下或温度高的环境中活动
5级(极易引起中暑)	气温极高,极易发生中暑。请务必采取有效降温措施,避免在日光下暴晒、高温时段或高温环境中的户外活动

1.16 牙周病

牙周病是指发生在牙支持组织(牙周组织)的疾病,包括仅累及牙龈组织的牙龈病和波及深层牙周组织(牙周膜、牙槽骨、牙骨质)的牙周炎两大类。牙周病是常见的口腔疾病,是引起成年人牙齿丧失的主要原因之一,也是危害人类牙齿和全身健康的主要口腔疾病。

日本冈山大学教授森田学领导的研究小组的研究表明,在气温或气压出现重大变化后,慢性牙周病患者更容易出现牙疼和患牙周围肿胀等急性发作症状。研究小组把在冈山大学医院就诊的约150名慢性牙周病患者作为研究对象,调查他们出现牙周病症状的时间,并与冈山地方气象台约2年间的天气数据进行对比。结果发现,在气压急剧降低2天后或每小时气温上升幅度非常大的第二天,很多慢性牙周病患者会发病。研究小组认为,这很可能是由于交感神经的兴奋度和激素分泌或是导致牙周病的病菌增殖会受到天气变化影响所致。他们认为,虽然慢性牙周病发作的详细机制尚未完全弄清,但持续对这一机制开展研究,将有助实现像天气预报一样发布预测慢性牙周病发作的"牙周病预报"。

1.17 精神病

当低压中心出现或暖锋过境时,抑郁症病人、神经官能症病人病情加重。而在冷空气经过时,精神分裂症患者易出现僵木状态。另外,据研究,在加拿大、美国和其他一些气候寒冷且冬天日照时间短的国家,有成千上万的人在冬季患季节性忧郁症,表现为压抑、精力减退、嗜睡和体重增加。当气温回升后,这些症状才自行消退。

1.18 常见传染病

许多疾病的发生都具有一定的季节性,例如冬春季节多呼吸道传染病、流行性感冒、脑膜炎、猩红热、百日咳、麻疹等;夏秋季节则痢疾、伤寒等肠道传染病多发。这说明某些疾病的发生与流行和一定的气象条件有关,因为致病的细菌和病毒繁殖需要一定的温度、湿度、风和太阳辐射等天气气候条件。

流行性脑膜炎——在1—4月发病较多,进入5月以后就显著减少。据统计,在20次高发病期中,干暖低压天气就占80%,因为脑膜炎双球菌滋生繁殖喜爱干暖低压的环境。

肝炎——发病率与天气气候条件的关系也很密切。气温 0～20℃、气压 972～982 hPa、相对湿度 55%～85%、月日照时数 90～200 h 是最有利于肝炎发病的；过高或过低的气温、气压、相对湿度和日照时数，肝炎均不易发生。

有些传染病是通过媒介物传播的，而这些媒介物的生存又受气象条件的制约。例如苍蝇、蚊子等媒介物的繁殖、生存和活动，在夏季就很盛行，而在冬季只好以卵的形式越冬。

1.19　天气变化与死亡率

造成死亡的因素很多，概括起来大致可分为社会因素和自然因素两类。在自然因素中，天气状况是重要的一个诱因。研究表明，婴儿和老年人对冷热的变化最敏感。从婴儿到成年人，其体内温度调节系统的有效性增加了 20 倍左右；老年人在衰老过程中，不能很好地适应较大的温度变化；老年人还易患因冷热变化而引起的呼吸系统和血管系统的疾病。所以在冷湿的天气条件下死亡率偏高。美国、英国、日本的有关研究表明，死亡率存在显著的季节变化，不论是老人还是婴儿，都是冬季死亡率最高。我国气候和日本、美国有许多相似的地方，死亡率的季节变化趋势也相似。我国在冬季，特别是 1 月份死亡率最高，而 5—10 月的夏半年死亡率相对减小。

1.20　盛夏需防"冷气病"

在冷气设备普及到家的今天，人们已在车间、办公室或商场的"人造低温小气候"中度过了 8 个小时，回到家再接受几个小时的"冷环境感觉"，殊不知你正在滋生空调设备带来的新疾病——"冷气病"。

"冷气病"的症状是四肢、身体懒倦，夜间脚部发热，头重，关节痛，月经不调等。如在与外界气温差达 10℃ 的制冷环境中，每隔 15 min 出入三四次，就会出现腹泻和感冒症状；若每天出入上述环境 12 次以上，也会出现上述病症。

预防措施主要是适当增添衣服，女性要穿长筒袜，进出空调房避免立即接触冷空气。

1.21　疗养

人类健康与社会制度、自然环境、生活居住条件、精神状况等诸因素有关,但环境条件中的天气、气候及居住小气候对人体健康的影响是不能忽视的。适宜的气候环境会提高工作效率,促进病体的康复,增强体质;而恶劣的气候环境则易给人带来各种疾病,甚至危及人的生命。

利用气候的特点,选择气候适宜的疗养地,使健康得到恢复和加强,称为气候疗养。利用空气、日光、海水对病员或休养员进行专门的治疗,称为气候治疗法。例如哮喘病人到了高山上一般很少发作;肾炎病人在干燥沙漠气候里,由于汗多尿少,有利于肾脏休养;温暖的海滨和山区空气湿润,有利于肺结核等呼吸道病人疗养。因此,疗养地除了要选择优雅的风景、洁净的环境外,还要选择适于疗养某种疾病的气候条件。宁波依山傍海,立体气候特征明显,有很多理想的疗养佳地。

宁波沿海地区的气候特点是湿度大、温度变化缓和、日照比较充足,空气中含有海盐成分和大量负氧离子且污染物少,可以进行空气疗法、海水疗法和日光浴,开展滨海疗养。适于血液病、糖尿病、慢性结核病,初发的支气管炎、肺炎、肝硬化、肺气肿、支气管扩张、精神系统功能性疾病,风湿性心脏病缓解期或最低活动期等病人疗养、治疗。

宁波西部山区气温低、云雨多,利于避暑;气压低,可增强人体呼吸功能;日照紫外线强,可消毒杀菌,且为人体免费提供维生素 D。山地多瀑布、喷泉、雷电,使空气电离而形成大量负氧离子。一定浓度的负氧离子可治疗高血压、心脏病、失眠、流感、支气管哮喘和肺结核、百日咳以及风湿性关节炎、神经性头痛等许多疾病。据测定,山中有瀑布、喷泉的地方,每立方厘米的空气中有负氧离子 2 万个,而在城市街道上只有 500 个,在工厂仅有 200 个,大城市人口密集区仅 40～50 个。另外,山区还适于结核病、无心肺功能不全的肺病、血液疾病、代谢性疾病等病人疗养、治疗。

此外,人为模拟类似高山的低气压、深水的高气压条件,或控制一定的温度和湿度,以治疗疾病,此类方法称人工气候箱医疗。它可以让不宜出远门的人也能获得高山、水中疗养一样的效果。

1.22　冬夏季锻炼需补充的营养

冬季气温低,寒冷的环境使机体代谢加快,散热量增加,需增加蛋白质和脂肪含量高的食物和维生素 A、B1、B2、C、E。冬季着装多,户外活动少,接受日光直接照射的时间少,还应补充维生素 D 和钙、磷、铁、碘的含量。

夏季气候炎热,此时锻炼应多在通风、树荫处进行。此时体内物质代谢变化很大,大量出汗使能耗增加,并使钙、钠、钾及维生素大量消耗,因此,需多吃一些蔬菜水果,以增加矿物质、维生素的摄入。

1.23　中医四季养生之道

春三月,宁波平均气温 15.2℃,相对湿度 78%,此谓发陈;夏三月,宁波平均气温 26.4℃,相对湿度 82%,此为蕃秀;秋三月,宁波平均气温 23.7℃,相对湿度 78%,此为容平;冬三月,宁波平均气温 8.4℃,相对湿度 79%,此谓闭藏。中医养生需根据四季特点采取不同的滋补方案。

春天气机升发,植物都长出了嫩芽,此时人也一样,气血经肝气的疏调渐走于外。对于体质较差的人,特别是老人和小孩,因肝血外行而使肝血不足,因而容易出现春困。春天我们可服一些补养肝血、疏调气机的中药,如生地、白芍、当归、枸杞、柴胡、麦芽等中药组成的方剂。另一方面,由于春天气温渐热,肝气升发,肝开窍天目又主藏血,所以春天我们还易患与肝气有关的疾病,如俗称"红眼病"的急性卡他性结膜炎等。由于血热所致的湿疹、牛皮癣在这个时候也常常发作加重。

夏天阳热已盛,万物繁茂。中医认为夏天内应于心,心主血脉,其液为汗。夏天我们的气血都走到了体表,毛孔开张,因而汗出较多,以利暑热的排出。这时千万不可过于贪图凉快,使毛孔闭塞,汗液不畅,暑热内闭不能外泄,轻则感冒不适,重则暑热内迫心包,致神昏谵语,变证多端。夏天开空调温度最好保持在 26～28℃ 为好,以不热为度,并且不要长时间待在空调房中。在夏天的时候,我们要保持情结的平稳,不要使情志过激,以保持精神的饱满。如果暑热过盛,汗出过多,容易损伤心气,导致胸闷、心慌等心气不足症状,可服用生脉饮,亦可用黄芪、生石膏为方,以补气清暑。夏天一定要多喝水,要主动喝水,及时补充盐分,特别是老年人一定要做到这点。

秋天五行属金,对应的人体器官是肺,应该多吃水果等酸性食物。秋天,自然界景象因万物成熟而平定收敛。此时,天高风急,地气清肃,宜早睡早起,收敛阳气,以使意志安宁清净,收神气敛。同时秋季主收,要收敛自己的神气,不要使神志外驰,借以缓和秋天肃杀之气对人体的不利影响。秋高气爽,湿气减少,气候变燥。树木因此枯黄落叶,保持津液养护自身,等待冬天的到来。人体也要将津精收敛,以养内脏。此时适宜吃些养阴润燥、滋阴润肺的食物。老年人津液不足,容易出现肺燥伤津、口鼻干燥、皮肤干燥等表现,应在饮食方面进行调节,多食用滋润的食物,多喝粥,如百合粥、杏仁粥、贝母粥等。

冬季草木凋零,水寒成冰,大地龟裂,树木已成枯枝,许多动物也已入穴冬眠,不见阳光。人此时也顺应天地闭藏之势,气血内收,运行于内,这时我们不要过分地扰动阳气,应早睡晚起,待日出而活动。在精神上,使神志深藏天内,安静自若,隐秘严守而不外泄。在冬季这个藏的季节,我们可顺势而为,适当地补养肾精。女性可服用一些补肾养血之品,如阿胶、当归、枸杞、核桃仁等,特别是到了更年期的妇女,在冬季更要重视补养肾精。男性肾气弱者,冬季可服鹿茸、枸杞、核桃仁、龟板等,也可服用一些成药,常见的有桂附地黄丸、六味地黄丸等。冬天也可以多吃点羊肉,羊肉有益精气、疗虚劳、补肺肾气、养心肺、解热毒、润皮肤之效,对于患肺结核、咳嗽、气管炎、哮喘、贫血的人特别具有益处。

第 2 章　生活篇

人类生活在地球上,受大气的紧密包裹,大气运动与地理环境所营造出的天气气候条件影响着日常生活的方方面面。天气气候决定了人们的穿着打扮,影响着生活、工作、户外活动、出行等,可以说我们每个人的每一天都与天气有关联,很多人也有收看收听天气预报的习惯。生活与气象里面有乾坤,气象知识渗透进您生活的方方面面,生活中有您可利用的气象智慧,成为您调味生活不可或缺的佐料。

2.1　人体舒适度

说到人体舒适度,首先需要介绍体感温度的概念。体感温度,是指人体感受空气的温度,与实际环境的温度可以有出入。人类机体对外界气象环境的主观感觉有别于大气探测仪器获取的各种气象要素结果。人体的热平衡机能、体温调节、内分泌系统、消化器官等生理功能受到多种气象要素的综合影响,例如气温、湿度、气压、光照、风等。也就是说,在相同的气温条件下,人们还会因空气湿度、风速大小、日照甚至心情等的不同而产生不同的冷暖感受。例如在气温 30℃ 的环境中,空气的相对湿度在 40%～50%,平均风速在 3 m/s 以上时,人们就不会感到很热;然而,在相同的温度条件下,相对湿度若增大到 80% 以上,风速很小时,人们就会产生闷热难熬的感觉,体弱者甚至会出现中暑。

人体舒适度气象指数是为了从气象角度来评价在不同气候条件下人的舒适感,根据人类机体与大气环境之间的热交换而制定的生物气象指标(表 2.1)。一般而言,气温、气压、相对湿度、风速四个气象要素对人体感觉影响最大,人体舒适度气象指数就是根据这四项要素而建成的非线性方程计算得出的,共分为 4 级。就宁波而言,一年中人体舒适度气象指数在 2 级以上(舒适或较舒适)约占 65%。

人们生活最适宜的环境温度在 15～20℃,相对湿度在 70% 以下。轻体力劳动最佳温度是 15～18℃,重体力劳动是 7～17℃,脑力劳动是 10～17℃。在最适宜的温度下工作,工作效率最高,随着温度的升高或降低,工作效率就要降低。

表 2.1　人体舒适度气象指数

人体舒适度气象指数	具体影响及防范(夏季)	具体影响及防范(冬季)
1 级(舒适)	天气温度舒适,最可接受	
2 级(较舒适)	偏暖,较舒适	略偏凉,较舒适
3 级(不舒适)	(闷)热,可适当降温	(阴)冷,请注意保暖
4 级(非常不舒适)	炎热,需注意防暑降温	很冷,需注意保暖防寒

2.2　穿衣

　　穿衣戴帽与天气变化不仅关系密切,而且还很有讲究。不仅要根据不同季节、天气选择不同衣物,还要依据不同的气候条件选取相应布料,才能有利于身体健康。穿衣气象指数就是将季节、气温、空气湿度、风及天气状况等相互组合,确定一个综合性的气象参数(表 2.2)。根据人们日常生活经验,不同的穿衣气象指数应采取不同的穿衣戴帽及布料等,穿衣气象指数共分为 7 级。

表 2.2　穿衣气象指数

穿衣气象指数	具体影响及防范
1 级(严冬装)	适宜穿着羽绒服、戴手套等
2 级(冬装)	适宜穿着棉衣、皮衣、厚毛衣等
3 级(初冬装)	适宜穿着夹克衫、西服、外套等
4 级(早春晚秋装)	适宜穿着套装、夹克衫、风衣等
5 级(春秋装)	适宜穿着棉衫、T 恤、牛仔服等
6 级(夏装)	适宜穿着短裙、短套装等
7 级(盛夏装)	适宜穿着短衫、短裙、短裤等

　　需要强调的是,在寒风刺骨的冬天,一些人往往身上穿得十分厚实,却忽视了头部的防寒,甚至把帽子视为无足轻重的东西。事实上,帽子是冬季防寒保暖的必需品。人的头部与身体的热平衡有着密切的关系。实验表明,当人处于静止状态,不戴帽子的人从头部散失的热量,在气温为 15℃时占人体总产热的 1/3,4℃时为 1/2,−15℃时为 3/4。可见冬天在室外,即使戴一顶较薄的帽子,其防寒作用也是十分明显的。

　　同时,从心理影响看,随着天气季节的变化,人们穿着服装喜欢不同的颜色,暖季喜穿浅色、冷季爱穿深色,在心理上已成为习惯。

2.3　防晒

防晒是指为达到防止肌肤被晒黑、晒伤等目的而采取一些方法来阻隔或吸收紫外线,紫外线辐射的强度决定了需要采取何种防晒措施(表 2.3)。宁波 10 时至 14 时观测到的紫外线平均强度决定了当天紫外线的强度,当然,也有个别例外。根据 10 时至 14 时太阳高度、天气、云量的变化情况发布宁波城区紫外线气象指数预报,指数共分为 5 级。

表 2.3　紫外线气象指数

紫外线气象指数	具体影响及防范
1 级(最弱)	不需采取防护措施
2 级(弱)	外出可适当采取一些防护措施
3 级(中等)	外出要采取必要的防护措施,如带好遮阳帽、太阳镜等,涂擦防晒霜
4 级(较强)	除采取必要防护措施外,10—16 时避免长时间日晒
5 级(很强)	要采取各种有效的防护措施,避免较长时间日晒

一般而言,5 月至 10 月是宁波紫外线强度较强的季节,除梅雨、台风等阴雨天气外,紫外线气象指数大都能达到最高的 5 级,需特别注意防晒并避免长时间日晒。而 11 月至次年 4 月紫外线强度相对较弱,紫外线气象指数在晴朗天气能达到 4 级,云量多时 3 级,阴雨天气时只有 1~2 级。

2.4　霉变

霉变是一种常见的自然现象,多出现在食物中。在一定的温度和湿度条件下,霉菌和虫卵就会吸收水分进而分解物品中的养分,造成霉变的发生。宁波地处我国的江南东部,每年的 5—9 月是霉变的高发期,尤其是 6 月中旬到 7 月上旬的梅雨期(梅雨也称霉雨),这一时期应当注意加强防范霉变的发生。在霉变高发期,可以关紧门窗来阻挡外面的湿气进入家里,或再打开空调的除湿功能,保持室内干爽;同时应在衣橱、抽屉等处放置除湿剂,保持衣物干燥;家中一些怕受潮的东西可用保鲜袋封存,如已经受潮可用微波炉烘干后再封存;如果墙面和家具出现轻度发霉现象,可用布条沾上酒精擦拭去除。

霉变气象指数是根据易霉变的气象环境条件制定的,指数共分为 5 级(表 2.4)。

表 2.4　霉变气象指数

霉变气象指数	具体影响及防范
1级(霉变指数较小)	空气干燥或气温偏低,不易发生霉变
2级(霉变指数偏小)	空气较干燥或气温较低,难以发生霉变
3级(霉变指数正常)	食品类物品易生霉
4级(霉变指数偏大)	气温较高或空气较潮湿,较易发生霉变
5级(霉变指数较大)	环境处在高温高湿状况下,易发生霉变

2.5　洗晒

　　洗晒条件与日蒸发量息息相关,而日蒸发量的大小又与天气状况、湿度、气温、风、云量等气象要素有着密切关系。洗晒气象指数是某段时间内天气是否有利于市民进行洗晒的气象参数(表 2.5),通过比较分析不同天气类型各气象要素之间的差异作出宁波洗晒气象指数预报,指数共分为 4 级。

表 2.5　洗晒气象指数

洗晒气象指数	具体影响及防范
1级(适宜洗晒)	云少、风力适中和光照充足的好天气
2级(较适宜洗晒)	气象条件稍逊于前一种
3级(不太适宜洗晒)	云量较多、天气阴沉,湿度较大的天气
4级(不适宜洗晒)	天气湿度大,或下雨可能性极大

2.6　空气污染

　　空气污染通常是指由于人类活动或自然过程引起某些物质进入大气中,呈现出足够的浓度,达到足够的时间,并因此危害了人类的舒适、健康和福利或环境的现象。空气污染首先会对人体和健康产生伤害。人体表面接触到污染空气或是吸入污染的空气会导致患上种种严重的疾病,危害人体健康。空气污染也会危害生物的生存和发育,使生物中毒或枯竭死亡,减缓生物的正常发育,降低生物对病虫害的抗御能力。空气污染物对仪器、设备和建筑物等都有腐蚀作用,如金属建筑物出现的锈斑、古代文物的严重风化等。空气污染对全球大气环境的也会产生不良影响,臭氧层破坏、酸雨腐蚀、全球气候变暖等都与空气污染有关。

环保和气象部门将空气质量指数(AQI)共分为 6 级(表 2.6)。

表 2.6　空气质量指数(AQI)

空气污染指数	空气质量等级	具体影响及防范
0～50	1 级、优	空气质量令人满意,基本无空气污染,各类人群可正常活动
51～100	2 级、良	空气质量可接受,但某些污染物可能对极少数异常敏感人群健康有较弱影响,建议极少数异常敏感人群应减少户外活动
101～150	3 级、轻度污染	易感人群症状有轻度加剧,健康人群出现刺激症状。建议儿童、老年人及心脏病、呼吸系统疾病患者应减少长时间、高强度的户外锻炼
151～200	4 级、中度污染	进一步加剧易感人群症状,可能对健康人群心脏、呼吸系统有影响,建议疾病患者避免长时间、高强度的户外锻炼,一般人群适量减少户外运动
201～300	5 级、重度污染	心脏病和肺病患者症状显著加剧,运动耐受力降低,健康人群普遍出现症状,建议儿童、老年人和心脏病、肺病患者应停留在室内,停止户外运动,一般人群减少户外运动
大于 300	6 级、严重污染	健康人群运动耐受力降低,有明显强烈症状,提前出现某些疾病,建议儿童、老年人和病人应当留在室内,避免体力消耗,一般人群应避免户外活动

在污染物排放总量不变的情况下,空气质量等级很大程度上取决于大气的扩散条件。空气污染扩散条件指数是在不考虑污染源的情况下,从气象角度出发对未来大气污染物的稀释、扩散、聚积和清除能力进行评价(表 2.7),主要考虑的气象因素是温度、湿度、风向、风速和天气现象,空气污染扩散条件指数共分为 6 级。

表 2.7　空气污染扩散条件指数

空气污染扩散条件指数	具体影响及防范
1 级(好)	非常有利于空气污染物稀释、扩散和清除
2 级(较好)	较有利于空气污染物稀释、扩散和清除
3 级(一般)	对空气污染物稀释、扩散和清除无明显影响
4 级(较差)	不利于空气污染物稀释、扩散和清除
5 级(差)	很不利于空气污染物稀释、扩散和清除
6 级(极差)	极不利于空气污染物稀释、扩散和清除

2.7　晨练

一日之计在于晨,在方兴未艾的全民健身浪潮中,晨练以其独特的魅力吸引成千上万的群众,特别中老年人是晨练活动的主力军。晨练往往都在户外进行,因而容易受到天气的影响,有些天气条件下其实是不适合锻炼的。比如阴天应该避免在树林里晨练,以免二氧化碳中毒;而冬季下雪后路滑很容易摔倒,老年人最好别去户外晨练;雾霾天气有害物质对呼吸系统的侵害会造成供氧不足,出现呼吸困难、胸闷等情况,细菌也会乘虚而入,也不适宜晨练;另外,当空气质量等级达到 4 级时不妨选择在室内进行无氧运动,而达到 5 级或以上时必须停止晨练。

老年人更应注意晨练时间的选择。首先,老年人不宜闻鸡起舞。清晨 3—8 时是老年人心脏的危险期,此时血压为全天最高,易发生中风、猝死等意外。如果老年人在这个时候进行不恰当的锻炼,容易发生不测病况。而 9—10 时是疾病发生的低谷,是老年人最佳的锻炼时段。

晨练气象指数是根据气象因素对晨练者身体健康的影响,综合了气温、风、湿度、空气质量、天气现象、前一天的降水情况等气象条件,制定的晨练环境气象要素标准(表 2.8)。晨练的人特别是中老年人,应根据晨练气象指数,有选择地进行晨练,这样才能保证身体不受外界不良气象条件的影响,真正达到锻炼身体的目的,指数共分为 4 级。

表 2.8　晨练气象指数

晨练气象指数	具体影响及防范
1 级(适宜晨练)	各种气象条件都很好,适宜晨练
2 级(较适宜晨练)	有一种气象条件不太好,但对晨练影响不大
3 级(不太适宜晨练)	有两种气象条件不好,对晨练有一定影响
4 级(不适宜晨练)	所有气象条件均不适合晨练

2.8　垂钓

垂钓属于一种户外运动,而且不受年龄、体能等因素的限制,逐渐受到越来越多人的喜爱。决定垂钓天气的好坏有五大因素:温度、日温差、湿度、气压、风。

温度:水温低、水中溶氧就丰富,对垂钓有利;当水温高于 30℃ 时水体趋于溶氧不足,水温越高水体与空气的对流越差,对垂钓越不利。

日温差:若日温差超过 10℃ 以上,鱼儿就会消耗很大一部分能量来适应环境,这时鱼儿觅食欲望低下;当日温差在 7℃ 左右时鱼儿能正常觅食,对垂钓有利。

湿度:当大气相对湿度在 70% 以上时水与空气的对流交换受阻,水中溶氧不足使水体缺氧,这时鱼儿觅食欲望低下,对垂钓影响较大;当大气相对湿度小于 50% 时对垂钓有利。

气压:当低气压天气出现时,由于水体内部压力相对变大,空气中的氧气不能正常地溶入水体进行对流,水中缺氧,对垂钓非常不利;只有在标准大气压并趋高的天气情况下水中溶氧正常并充足,鱼儿寻觅食物的欲望强烈,对垂钓有利。

风:当风力达到 5 级以上时对垂钓不利,而微风起着捣拌机的功效使水体溶氧充足,鱼儿觅食积极,对垂钓有利;还有就是风向,风无论向什么方向吹,只要一日内风向不变,水体水域中的溶氧稳定,鱼就好钓,若一天中风向不停改变着,水与空气的对流也变化着则对垂钓不利。

综合以上因素,我们可以筛选出一年四季有利于垂钓的天气:

初春,天地还较寒冷,水温尚低,类似初冬,除鲫鱼摄食外,鲤、草等鱼还处于不食或少食状态,故只宜钓鲫鱼。适宜垂钓的天气是久雨初晴、多云或连续多日阴天,以晴天为佳。雨天不宜垂钓,因为此时下雨大多伴随着寒潮侵袭,气温大幅度下降,鲫鱼因畏寒而减少游动和摄食,不爱咬钩。仲春,气温逐渐缓慢上升,鱼正值产卵期前后,便游向岸边的草丛、石头等处产卵和寻觅食物。适宜垂钓的好天气是多云或阴天,大晴天(特别是上午 10 时以后)反而不大利于垂钓,这是因为此时水表层被太阳晒得较暖和,多数鱼已浮至水面晒太阳,不食少动。谷雨后,天气已暖和,鱼产卵基本完毕,纷纷向近岸游动寻觅食物、大量进食,补充产卵排精后的身体所需。适宜垂钓的天气是晴、多云和阴天,以多云和阴天最好。细雨和狂风暴雨天不利于垂钓,但狂风暴雨后(特别是春季的第一场狂风暴雨)风和日丽的晴天却是最好的垂钓时机。暮春是一年中垂钓的第一个黄金季节,此时适宜垂钓的天气与仲春后期基本相同,所不同的是阴雨天也宜垂钓,如果是红日高照的晴天,只是上午好钓鱼,中午以后鱼就不爱咬钩了。

初夏的水温非常适合鱼类生存,鱼的食欲特别旺盛,晴、多云、阴、雨天都适宜垂钓,以多云和阴雨天最好,如果是连续多日的晴天,垂钓效果就差些。到了盛夏,适宜垂钓的天气是多云和阴天,特别是久雨后的阴天,更适宜垂钓。在盛夏的酷热天,如果突然一场短时的暴雨伴随着冷空气(风)袭来,大地瞬间变得十分凉爽(稍有寒意),空气随之十分清新,人感到神清气爽,此时就是垂钓的极好天气,鱼很爱咬钩,垂钓可获丰收。盛夏的烈日天,水温很高,水中氧气减少,气压降低,不利于鱼的生存,鱼因而食欲减退,潜入深处远处避暑去了,这样的天气不适宜垂钓。夏天最不适宜垂钓的天气是:一阵十分短暂的小到中雨过后,大地仍然热气蒸腾,水温不仅未降,反而更加闷热,鱼感到窒息般难受,懒得游动摄食,垂钓很少获鱼。

秋季是一年中垂钓的第二个黄金季节。初秋,适宜垂钓的天气主要是阴天。烈日高照之日,气温依然很高,不利于垂钓。雨天(特别是细雨天)更不宜垂钓,因为秋天下的是"凉雨",而此时的水温比雨水的温度高,下雨前形成水体温度上高下低的较大差异,下雨后,水底的温度又比水上层高得多,鱼似在蒸笼里般难受,便浮在水上层吸氧和休息,不思饮食。随着水温逐渐下降,至中秋时分,垂钓就应选择多云天或阴天。深秋时,天气已临近寒冬,鱼便有一种惧怕冬天受饥饿的紧迫感而大量进食,以积蓄脂肪备越冬之所需,此时的晴天、多云天最适宜垂钓。气温未明显下降的阴天也可垂钓,只是效果差一点。如果既下雨又降温较多,这种天气就不宜钓鱼。

冬季垂钓的鱼种主要是鲫鱼。适宜垂钓的天气是晴天和多云天,以晴天为好,连阴多日气温又稳定的天气也适宜垂钓,有时这种天气并不亚于晴天和多云天。冬季的雨天最不适宜垂钓,因下雨水体更加寒冷,迫使鱼少食少动,特别是寒潮侵袭伴有强降温的雨天,鱼会不食不动,垂钓不会有什么收获。但是寒潮到来之前却是垂钓的极好天气,寒潮来临前的几日多是晴朗或多云的天气,气温逐步缓慢升高,这时垂钓,鱼会频频咬钩,收获可喜。寒潮入侵期间是很难钓到鱼的,强寒潮过后5天左右,弱寒潮过后3天左右,气温才能回复到正常水平,方可垂钓。

另一方面,人们在不同的天气条件下也应选择相应的垂钓技巧。气温高、气压低,钓浅水;气温低、气压高,钓深水。正午钓深潭,夜间钓岸边。秋冬天冷钓深水,春暖花开钓浅水,夏日炎炎钓荫凉;微风钓迎风,小风钓顺风,大风钓背风。不同的季节,不同的天气也影响着漂相,气温适宜,鱼儿游动活跃,鱼漂动作幅度大,黑漂送漂都会出现。气温、水温、气压等的变化,可导致泳层上移,鱼儿吞饵后往上游动,容易产生送漂。气温、水温很低或气压低或温度太高,鱼儿懒游动懒开口,漂相动作轻微,例如隆冬季节,很难有大幅度的黑漂或送漂,能够看到鱼漂的轻微动作就很不错了。甲鱼有个特点,天越热,越活跃,吃钓率越高,故有"早钓鱼,晚钓虾,中午钓王八"之说,所以中午放钓效果好,夏日夜里也很热,放钓甲鱼效果也不错。

2.9　行车

行车安全无小事,它关系到每个家庭的幸福。雨、雾、冰雪、大风等恶劣天气对交通安全影响较大,在导致交通事故频繁发生的因素中,恶劣天气是一个不可忽视的重要原因。

雨雪天气行车安全:首先要保持良好的视野,及时打开雨刷器并清除挡风玻璃上的雾气;其次应低速缓慢行驶并适当加大车距,需要转弯时应当缓踩刹车,防止车轮侧滑;遇上强降水天气应防止涉水陷车,当经过有积水或者立交桥下、隧道等有大水漫溢的路面时,应停车查看积水深度,确保安全后才能通过。

雾霾天气行车安全:首先应该打开近光灯、示宽灯和雾灯,并合理控制车速和车距;其次可以适当勤按喇叭,由于能见度低,司机与行人、司机与司机之间较难及时发现彼此,勤按喇叭可以提醒周围的行人或车辆,起到很好的示警作用;最后应做到慎超谨停,即便是要超车,也得先鸣笛示意,需要停车时,应提前打开转向灯并鸣笛示意,慢慢靠近路边停下。

　　道路结冰天气行车安全：如遇路面结冰，应缓慢行驶，加大车距，不随意超车，轻点油门，轻点刹车，慢打方向，任何大的动作或不妥操作都可能带来危险；必要时可将轮胎放一些气，增大汽车与冰滑路面的接触面积，增强轮胎附着力。

　　为给广大车主安全出行提供参考，根据天气系统的变化情况发布行车安全气象指数预报，指数共分为 5 级（表 2.9）。

表 2.9　行车安全气象指数

行车安全气象指数	具体影响及防范
1 级（有利于安全行车）	风和日丽，天晴日朗，有利于安全行车
2 级（对安全行车稍有影响）	有雨，能见度稍差，下雨时司机视线受阻，路面湿滑，车辆制动性能降低，请您为了自己和他人的幸福，减速行驶，注意交通安全
3 级（对安全行车有影响）	对行车有一定影响，请司机朋友严格按照操作规程驾驶车辆
4 级（对安全行车有较大影响）	在恶劣的天气里出车，请您为了自己和他人的幸福，遵章行驶
5 级（不利于安全行车）	天气非常恶劣，请尽量不要行驶

2.10　赏花

　　宁波位于东海之滨、长三角东南隅，地处宁绍平原，纬度适中，属亚热带季风气候区，温和湿润，四季分明，加之依山傍海，自然环境差异明显，具有明显的立体气候特征，四季草木皆有不同。因而想要在宁波赏花，全年都有好去处，宁波全年赏花攻略如表 2.10 所示。

表 2.10　宁波市赏花指南

观赏品种	观赏期	观赏点
腊梅	12 月至翌年 1 月	保国寺、月湖、中山广场
茶花	2—3 月	东钱湖福泉山、鄞州公园
梅花	3 月	保国寺、九峰山、月湖、鄞州公园、儿童公园、慈湖公园等
玉兰	3 月	月湖、中山广场、鄞州公园等
桃花	3—4 月	奉化萧王庙王家山天下第一桃园、慈溪掌起镇古窑浦村、宁海胡陈乡东山桃园、东钱湖、象山影视城等
油菜花	3—4 月	宁海桑洲、奉化大堰镇西畈村、东钱湖十里四香等
海棠	3—4 月	鄞州公园、东部新城市民广场等
梨花	3—4 月	镇海庄市光明村、东钱湖小普陀梨花岙、鄞州浅水湾农庄等
早樱	3—4 月	余姚四明山镇、鄞州杖锡、海曙公园、江夏公园、滨江大道、世纪大道等
晚樱	4—5 月	

观赏品种	观赏期	观赏点
牡丹	4—5月	北仑牡丹公园、慈溪牡丹园艺场、儿童公园、天宫庄园等
郁金香	4—5月	慈溪大桥生态农庄、东钱湖
杜鹃	3—5月	北仑柴桥、五龙潭、宁海茶山、福明公园、明楼公园等
荷花	6—9月	鄞州走马塘村、日湖、月湖等
桂花	9—10月	保国寺、鄞州龙观乡、东钱湖福泉山、北仑塔峙岙、月湖、中山广场等
红枫	11月	余姚四明山镇、鄞州杖锡等
银杏	11月	鄞州章水镇、鄞州东吴镇、天童寺、中山广场、月湖等

（据宁波市城管园林部门发布）

2.11 水果贮存

水果贮存保鲜的关键是降低水果的呼吸强度，使其新陈代谢减缓。影响水果呼吸的主要因素是温度、湿度、氧气和二氧化碳，而温度又居四因素之首。贮存保鲜的环境温度：梨是 $-2\sim5℃$，苹果是 $-3\sim3℃$，橙子是 $1\sim5℃$；果库的相对湿度以 $80\%\sim90\%$ 为宜。

2.12 瓶装酒的存放期限与温度

啤酒：熟啤酒在 $5\sim20℃$ 的温度中贮存期为 $3\sim4$ 个月；鲜啤酒在以上相同的温度中，只能保存一个星期。

葡萄酒、果露酒：在 $5\sim20℃$ 条件下，保存期为 3 个月。

白酒：度数越高，越不易变质；但渗透力强，一般瓶装白酒在 $0\sim30℃$ 中，可保存一年。

各种酒在贮存时，均不能漏气、受阳光直射和雨淋，气温越高，贮存期就应缩短。应经常保持干燥的空气流通。在搬运时，尽量防止大的震动。

2.13 高考日期变更的背后

1977年冬，中国关闭了11年的高考"闸门"再次开启。1979年，高考时间定为7月7日至9日，除1983年高考时间为7月15日至17日之外，一直到2002年，高考时间都固定在每年的7月7日至9日。2001年11月，历史性的转折出现。当时，教育部正式宣布,从 2003 年开始,高考时间由实行了多年的 7 月改成 6 月。对于这样的变动,你知道背后的原因吗?

其实,对于将高考时间安排在 7 月的决定,多年以来,社会各界都存在争议。其主要的意见是 7 月份天气炎热,对考生考试、老师阅卷、家长照顾考生等方方面面都十分不利。而且,7 月洪涝和台风频发,给高考的组织工作带来诸多不便。为此,教育部就高考改期一事进行了调查研究工作。中国气象局向教育部提供了 1995—2000 年期间逐年 6 月 10 日至 20 日、7 月 5 日至 15 日全国 31 个省会城市的最高气温、最低气温、平均气温、平均降水量和台风的发生频率等相关气象信息。数据显示,6 月 10 日至 20 日的平均气温为 23.7℃,而 7 月 5 日至 15 日的平均气温为 25.3℃;6 月昼夜温差在 10℃ 左右,大于 7 月高考期间的不足 9℃;台风的平均发生率和洪水发生率也比 7 月小。教育部在进行了信息比对、反复论证的基础上认定,为全国考生和与高考相关的人群考虑,将高考时间改在每年的 6 月。

2.14　中国徐霞客开游节的宁海气候优势

中国徐霞客开游节,是由宁波市宁海县每年的 5 月 19 日举办的一场集民俗文艺表演、体育竞技、招商引资、经贸洽谈、商品展销和旅游休闲为一体的大型文化旅游节庆活动。

《徐霞客游记》开篇中曾有这样的记述:"癸丑之三月晦,自宁海出西门,云散日朗,人意山光,俱有喜态……"。1608 年,徐霞客就是从这里开始了他长达 34 年,足迹遍布大半个中国的伟大游历。当时的中华游圣徐霞客绝对想不到人们会把他开游的 5 月 19 日,谐音出"我要游"的意思。这个美丽巧合的发生地,就是宁波市宁海县,因此,将徐霞客游记的开篇日"5·19"作为开游节的日期。

从气候角度看,开游节选择在 5 月 19 日是比较科学的。5 月 19 日,宁海的平均气温为 20.3℃,平均最低气温 17.0℃,平均最高气温 24.6℃,平均相对湿度 81.1%,平均日照时数 4 h,气温适宜,空气湿润,阳光适中,正是一年中最舒适的季节。而且 5 月 19 日的全国大部分地区也正处于春意正浓或春夏之交,此时山野添绿、百花争艳、风轻气爽,正是外出游玩的好时节。

2.15　河姆渡先民"饭稻羹鱼"生活与古气候

河姆渡文化是中国长江下游地区古老而多姿的新石器时代文化,因 1973 年第一次发现于宁波余姚河姆渡而得名,主要分布在杭州湾南岸的宁绍平原及舟山岛。在 1987 年的发掘中,从遗址出土了大量的稻壳。经科学测定,确认这是七千年前的稻米,因而推断河姆渡文化的年代为公元前 5000 年至公元前 3300 年,即距今 7000 年至 5300 年前河姆渡先民在此繁衍生息,用陶釜煮米饭或羹鱼,远离茹毛饮血。

河姆渡先民居址附近的古气候应属于热带、亚热带气候,其特点是全年温度较高,空气湿润,降水充沛,与今海南、两广等地基本相似。从距今一万多年开始,全球气温逐渐升高,气候变暖,直到距今六七千年前达到最顶峰,当时年平均气温为 19～20℃,比现在高 3～4℃(河姆渡近 10 年平均气温约 16.8℃),最冷月平均气温 10～11℃,比现在高 6～7℃,≥10℃ 的活动积温约 6500 ℃ · d,较今日高 1200 ℃ · d,年降水量 1600～1800 mm,比现在多 300～500 mm,也有人认为比现在多 800 mm。

大量的古气候研究都是表明,该地区距今 7000 年至 6000 年是气候最为温暖湿润的时期,6000 年之后,温湿度都有所降低,这和河姆渡遗址的兴衰极其吻合。

第 3 章　经济篇

气象不仅与每个人的健康、生活有关,还影响各行各业的生产经营活动。美国研究机构的调查显示,各经济部门对天气、气候的敏感性大小的排序为:渔业、农业、航空、林业、建筑、运输、航海、通信、娱乐、工业等,军事更不例外,各行各业都需要气象给力。

3.1　渔业

宁波海洋渔业资源丰富,环境优越,历史悠久,在全国享有很高的知名度。然而,海洋捕捞与气象有着密切的关系。

对渔民来说,海洋不仅是他们"耕海牧渔"的场所,也是潜藏巨大危险的地方。海上天气变化多端,特别是强对流、台风、寒潮等天气不仅影响到海产养殖和海洋捕捞,而且直接关系到渔民的生命财产安全。因此,准确且及时的天气预报和警报信息对出海渔民至关重要。宁波每日 8 时和 16 时发布未来 5 天的渔场天气和风向风力预报,覆盖我国东部海域的大沙、吕泗、沙外、江外、长江口、舟山、渔山、温台、闽东、舟外、渔外、温外、闽外共 13 个渔场,为渔民出海航行、捕捞保驾护航。

另一方面,渔场的变迁、渔业资源数量的变动以及捕捞作业的状况受风的影响很大。风制约气温的变化,气温又与水温关系密切,进而引起渔场位置、鱼群洄游和集散、渔期早晚、鱼类产卵等情况的改变。渔汛前期,盛行风向左右气温和水温的高低,从而可使渔期提前或推迟。当风向与海岸垂直时,向岸风可产生向岸海流,鱼群随之游向近岸海域,可使定置网渔获量增多;离岸风则易产生上升流,将海底营养物质和饵料生物带到表层,为形成良好渔场创造条件。渔汛期间,渔场刮大风之前鱼类受气压波和长浪的刺激,往往集群以防风浪袭击。大风来时,海水被搅动而引起理化性质和生物条件的改变;大风过后,鱼类就趋向适宜的栖息环境而重新集群,渔场随之迁移。除风外,降水可影响海水的温度、盐度和入海径流量等,使近岸产卵场、幼鱼肥育场和饵料生物的生活环境条件发生变化,从而影响资源量。

在长期的生产实践中,智慧的渔民总结出很多与天气紧密相关的科学的捕鱼和观天测风、规避风浪的窍门,如"风暴后期潮水好,鱼类集中易捕捞""东南风是鱼车,西北风是冤家""东风带雨勿拢洋,挫转西风叫爹娘""南风发一发,心头卤水喝""西风串一半,心头宽一宽""蟹立冬,影无踪"等。

3.2 农业

我国是一个农业大国,农业人口是世界上最多的,农业是我国赖以生存的基础产业,宁波河姆渡文化的稻作农业是中国南方地区史前农耕文化的杰出代表,而农业又是一个露天工厂,绝大多数情况下只能靠天吃饭。农业生产的对象是生物有机体,这些有机体的生命过程是在外界自然条件下进行并完成的,因而不能不受外界自然条件的影响。在外界自然条件中,气象、土壤、地形、地势是影响农业生产最重要的外界因子。但是土壤的形成、特点以及在不同地区土壤水热状况的季节变化在很大程度上是决定于气象条件的,而地形、地势又形成各种各样的小气候条件来影响着农业生产,因而可以说农业生产在相当大的程度上是受自然条件中的气象条件影响的。表3.1为宁波物候与农事对照表。

表 3.1 宁波物候与农事

	物候 现象	平均日期 (日/月)	最早日期 (日/月)	最晚日期 (日/月)	变幅 天数	主要农事活动
	垂柳开始展叶期	6/3	15/2	15/3	28	田间清沟排水
	垂柳展叶盛期	8/3	20/2	19/3	27	—
	革命草发芽	10/3	5/3	15/3	10	整做尼龙薄膜秧田
	家燕始见期	12/3	6/3	15/3	9	—
	垂柳始花	13/3	3/3	24/3	21	—
	白榆叶芽膨大	16/3	6/3	26/3	20	—
	垂柳开花盛期	17/3	7/3	30/3	23	早稻尼龙薄膜育秧播种
	雷电始动	17/3	29/1	7/5	98	
初春	狗芽根草芽出土	18/3	5/3	23/3	18	
	终霜	23/3	23/2	5/4	41	
	革命草转绿	24/3	16/3	4/4	19	
	狗芽根草开始展叶	29/3	25/3	10/4	16	
	垂柳开花末期	29/3	20/3	7/4	18	
	蜜蜂始见	29/3	17/3	5/4	19	
	加拿大杨叶芽膨大	3/4	27/3	7/4	11	
	狗芽根草展叶盛期	4/4	30/3	17/4	18	
	白榆展叶盛期	5/4	2/4	8/4	6	
	革命草展叶盛期	5/4	25/3	10/4	18	

续表

	物候 现象	平均日期 （日/月）	最早日期 （日/月）	最晚日期 （日/月）	变幅 天数	主要农事活动
仲春	苦楝叶芽膨大	7/4	28/3	18/4	21	—
	乌桕叶芽膨大	8/4	1/4	19/4	18	大小麦防治赤霉病
	青蛙始鸣	8/4	13/3	19/4	6	
	加拿大杨开始展叶	9/4	2/4	13/4	11	—
	梧桐展叶始期	10/4	4/4	13/4	9	—
	苦楝展叶始期	20/4	5/4	25/4	20	绿肥田起畈开犁
	乌桕展叶盛期	28/4	20/4	5/5	15	绿肥田早稻插秧
	苦楝展叶盛期	28/4	20/4	5/5	15	
	梧桐展叶盛期	14/4	8/4	18/4	10	—
季春	苦楝始花	12/5	8/5	19/5	11	春花田早稻插秧
	苦楝盛花	17/5	11/5	23/5	12	单季稻播种
初夏	女贞花序出现期	20/5	12/5	1/6	20	油菜、小麦收获
	狗芽根草盛花	14/6	4/6	18/6	10	晚籼稻播种
	女贞始花	17/6	4/6	23/6	19	席草收割
夏	乌桕始花	26/6	22/6	30/6	8	晚粳稻播种
	女贞盛花	27/6	25/6	3/7	8	
	乌桕盛花	2/7	27/6	8/7	11	
	乌桕开花末期	12/7	8/7	15/7	7	
	蟋蟀始鸣	13/8	8/8	24/8	16	晚稻播种结束
季夏	加拿大杨叶变色始期	18/8	10/8	25/8	15	
	加拿大杨叶开始落叶	25/8	10/8	1/9	22	晚稻搁田
初秋	苦楝叶变色始期	27/9	12/9	14/10	32	防止褐稻虱
	加拿大杨叶落末期	30/9	8/9	27/10	49	油菜播种育秧
	梧桐叶开始变色	3/10	18/9	15/10	27	绿肥（草子）播种
	苦楝落叶始期	9/10	16/9	5/11	40	
仲夏	乌桕叶变色始期	11/10	7/9	27/10	40	
	梧桐落叶始期	12/10	22/9	25/10	33	
	家燕终见期	15/10	4/10	22/10	18	
	乌桕落叶始期	16/10	20/9	30/10	40	
	青蛙终鸣	22/10	7/10	25/10	18	
	乌桕果实成熟	26/10	15/10	15/11	31	
	白榆叶开始变色	27/10	9/10	30/11	51	

	物候现象	平均日期（日/月）	最早日期（日/月）	最晚日期（日/月）	变幅天数	主要农事活动
季秋	狗牙根草开始枯黄	31/10	15/10	15/11	30	油菜移栽
	蟋蟀终鸣	3/11	21/10	18/11	28	单季稻收割
	白榆落叶始期	4/11	8/10	5/12	28	晚粳稻收获
	垂柳落叶始期	6/11	20/10	25/11	36	
	乌桕叶全变色	9/11	1/11	20/11	19	小麦播种
	苦楝落叶末期	13/11	30/10	25/11	26	大麦播种
	梧桐叶全变色	14/11	4/11	30/11	26	
	初霜	18/11	27/10	10/12	44	
初冬	林木采种	20/11	15/11	25/1	65	
	乌桕落叶末期	21/11	13/11	2/12	20	
	狗芽根草普遍枯黄	21/11	30/10	28/12	29	
	梧桐落叶末期	30/11	25/11	5/12	30	麦施苗肥
	垂柳叶全变色期	2/12	22/11	15/12	10	
	梧桐果实成熟期	15/12	10/12	20/12	10	油菜中耕施肥
	革命草普遍枯黄	15/12	28/11	7/1	40	
隆冬	垂柳落叶末期	16/12	5/12	27/12	22	
	狗芽根草完全枯黄	21/12	5/12	10/1	36	
	革命草完全枯黄	5/1	2/12	24/1	53	春花作物越冬防冻保暖

在作物生长发育和产量形成过程中，光、热、水、CO_2 和营养物质则是农作物生长所必需的基本因子，它们同等重要、缺一不可，相互制约而不能相互代替。在农作物生长所必需的基本因子中，光、热、水、CO_2 是农业气象基本因子，这些农业气象基本因子的数量、相互配合、空间和时间的变化在很大程度上决定了一地区农业生产类型、作物种类和耕作制度，也决定了农业收成的丰歉、品质的优劣和成本的高低，所以说气象条件对农业生产的影响是十分巨大的。

作物生长发育要求一定的气象条件，当其生长发育所要求的气象条件不能满足时，就会影响作物的正常生长和成熟。由不利的气象条件所造成的作物减产歉收，称为农业气象灾害。如低温冷害、霜冻、干热风以及因气象条件引起的病虫害等所造成的对作物的危害，都属于农业气象灾害。

随着科技水平的发展，现在有了设施农业。设施农业是在环境相对可控条件下，采用工程技术手段进行植物高效生产的一种现代农业方式。农业大棚营造出的小气候环境虽然可以避免绝大多数的气象灾害，但仍受天气条件的影响，如积雪产生的雪压对农业大棚的危害较大，遇降雪天气时，需及时清雪，严防雪压造成温室大棚坍塌。

为有效发挥气象在"三农"服务中的作用，增强农业气象的及时性和针对性，宁波气象部门制作发布农业气象服务产品(表3.2)并制定农业气象逐月关注(表3.3)。

表 3.2　农业气象服务产品

产品名称		制作发布时间
常规农气服务产品	农业气象月报	每月逢 5 日
	一周农气预报	每周一
	农业气象灾害预警	不定期
	农业气象灾害影响评估	不定期
农用天气预报	春播气象服务专题	3 月 21 日至 4 月 30 日每周一
	杨梅采摘气象服务专题	6 月每周一
	早稻收割气象服务专题	7 月每周一
	秋收冬种气象服务专题	9 月 21 日至 11 月 30 日每周一
农业气象专题	农业气候年报	1 月 31 日
	早稻产量气象预报	7 月 10 日
	早稻全生育期分析	8 月 31 日
	晚稻产量气象预报	11 月 10 日
	晚稻全生育期分析	12 月 31 日
病虫害发生气象预报	病虫害发生气象等级预报	不定期

表 3.3　农业气象逐月关注

时间	逐月关注
1 月	低温冰冻对露天蔬菜、越冬作物的影响,大雪对大棚设施和林业等的影响
2 月	低温冰冻对早春茶芽、露天蔬菜的影响,连阴雨造成大田作物渍害、设施大棚作物长势弱,病害多发
3 月	田间渍害、油菜花期冻害和春茶早春霜冻害,强对流天气造成作物和设施损失,低温影响早稻播种
4 月	春寒和倒春寒天气引起早稻烂秧,低温造成春茶损失;强对流天气提醒,暴雨天气不利早稻移栽
5 月	油菜等春花作物收割期气象服务,强对流天气预警;枇杷采摘期气象服务
6 月	杨梅采摘期气象服务;梅雨期暴雨对作物的影响,早稻病虫害发生气象趋势预测
7 月	早稻高温逼熟,夏收夏种气象服务;台风对农业影响;高温干旱和强对流天气的监测、预警
8 月	台风对农业影响;高温干旱和强对流天气的监测、预警
9 月	秋季低温预警,秋收冬种服务,台风对晚稻的影响,晚稻病虫害发生气象等级预报
10 月	秋收冬种服务,台风对晚稻的影响
11 月	秋收冬种服务,柑橘采摘气象服务
12 月	低温冰冻对越冬作物的影响,大雪对大棚设施、林业的影响

其中春播气象服务的内容包括天气实况及其对播种和出苗的影响、未来 7 天早稻播种适宜等级分布图、未来 7 天天气对春耕春播影响分析、趋利避害的措施建议等。预计将发生或已发生低温阴雨、干旱、倒春寒等农业气象灾害时,增加农业气象灾害预报或实况评述、农业气象灾害落区预报图或实况图等内容。

气候中的光、热、水、空气等物质和能量,是农业自然资源的重要组成部分,往往决定着该地的种植制度,包括作物的结构、熟制、配置与种植方式。而光、热、水、空气等的分布是不均匀的。因此,在制定农业发展规划时,要注意因地制宜,充分利用本地区的资源优势,获取最大效益。另外,随着农业科技的发展,要合理和充分地利用气候资源,挖掘农业气候资源潜力,不断提高对光照、热量、水等气候资源的开发利用率。如广泛采用间作、套种,发展生态农业、立体农业等。

3.3　航空

飞机在起飞、降落和空中飞行的各个阶段都会受到气象条件的影响,主要分为可见天气现象和不可见天气现象。可见天气现象比如雷暴、大雨、大雾等,不可见天气现象如风切变、空中颠簸、空中积冰等。在众多天气现象中,影响飞机飞行最大的是风切变、低云和低能见度。

风切变是一种大气现象,指在短距离内风向、风速发生明显突变的状况。低空风切变对飞机的起飞和降落有严重的威胁。强烈的风切变瞬间可以使飞机过早着陆或者被迫复飞,在一定条件下还可导致飞机失速和难以操纵,甚至导致飞行事故。

低云也是危及飞行安全的危险天气之一,它主要影响飞机着陆。在低云遮蔽机场的情况下着陆,经常会遇到飞机出云后离地面高度很低,如果这时飞机航向又未对准跑道,往往来不及修正,容易造成复飞。有时,由于指挥或操作不当,还可能造成飞机与地面障碍物相撞,造成飞机失速的事故。

低能见度对飞机的起飞、着陆都有着相当的影响。雨、雾、沙尘暴、浮尘、烟幕和霾等都能使能见度降低,影响航空安全。地面能见度不佳,易产生偏航和迷航,降落时影响安全着陆,处理不当,也会危及飞行安全。在众多可以引起能见度降低的天气状况中,大雾对航班飞行的影响不可估量,它严重妨碍航班的起飞和降落。当航线上有雾时,会影响地标航行;当目标区有雾时,对目视地标飞行、空投、照相、视察等活动有严重的影响。当机场能见度低于 350 m,航班就无法起飞;低于 500 m 时,航班就无法降落;如果能见度低于 50 m,飞机连滑行都无法进行,处置不当极易造成飞行事故。

另外,夏季的雷暴和冬季的降雪也会对飞机飞行造成严重影响。

雷暴是指伴有雷击和闪电的局地对流性天气,是夏季影响飞行的主要天气之一。由于影响后果严重,雷暴甚至被称为航空界的"空中杀手"。闪电和强烈的雷暴电场能严重干扰中、短波无线电通信,甚至使通信联络暂时中断。当机场上空有雷暴时,短时间的强降水、恶劣的能见度、急剧的风向变化和阵风,对飞行活动以及地面设备都有很大的影响。雷暴产生的强降水、颠簸(包括上升、下降气流)、雷电、冰雹和飑线,均给飞行造成很大的困难,严重的会使飞机失去控制、损坏、马力减少,直接危及飞行安全。现代飞机使用了大量的电子设备,特别是控制飞行状态的电子计算机,一且被雷电影响,将造成严重的破坏,直接影响飞机正常航行。因此,雷暴区历来被视为"空中禁区",禁止飞机穿越,只要有雷暴天气,飞机是不允许飞行的。

降雪对飞机飞行的影响主要是体现在三个方面:其一,大雪天气里,机场的能见度严重变低,影响飞行人员的视线,这使得机场被迫关闭。其二,由于强冷空气的到来,地表温度急剧下降,所降雨雪遇到低温,会在跑道上迅速结成冰层,飞机轮胎与冰层间摩擦力减小,降落或起飞的飞机在跑道上会产生不规则滑动,不易保持方向,极易冲出跑道发生危险。其三,大雪使飞机机身积冰或结冰,冰霜的聚积增加了飞机的重量。同时,积冰可能引起机翼流线型的改变、螺旋桨叶重量的不平衡,或者是汽化器中进气管的封闭、起落架收放困难、无线电天线失去作用、汽化器减少了进气量降低了飞机马力、油门冻结断绝了油料来源、驾驶舱窗门结冰封闭驾驶员的视线等,这些都可能造成严重的飞机失事。

除去恶劣天气外,有时候飞机在晴空飞行时也会产生瞬间或长时间的颠簸,这是由大气湍流或空中急流造成的。如果乘客向窗外望看不到云,那可能就是晴空的湍流。空气不规则的垂直运动导致飞机上升、下沉,严重的颠簸可使机翼负荷加大而变形甚至折断,或使飞机下沉或上升几百米高度,威胁飞行安全。

3.4 林业

林业的健康发展需时刻防范森林火灾,森林火灾不仅毁灭我们本来就很有限的森林资源,而且使生态环境恶化,威胁林区人民生命财产安全,是重要的自然灾害之一。而森林火灾的发生、发展,除了人为因素外,与气象条件密不可分。一般来说,气温越高,水分越易蒸发,森林中的枯枝落叶和细小可燃物就越干燥,就越容易点燃。据统计,重大森林火灾多发生于干旱少雨和多风的时段,1987年大兴安岭特大森林火灾就是在这种天气背景下发生的。森林火险气象等级是森林火灾发生的可能性和蔓延难易程度的一种重要度量指标(表3.4),主要根据气温、湿度、风力、降水量等因子来作出预报,共分为5级。

表3.4 森林火险气象等级

森林火险气象等级	具体影响及防范
1级(不易燃)	森林火险气象等级低
2级(较不易燃)	森林火险气象等级较低
3级(可以燃)	可以引起森林火灾,林区注意野外用火
4级(容易燃)	容易引起森林火灾,林区控制野外用火
5级(极易燃)	极易引起森林火灾,林区严禁野外用火

每年的 11 月至次年 4 月由于降水量少、空气干燥、风力大易引发森林火灾并导致林火蔓延,是宁波森林防火的关键时期,需注意野外用火。而清明节前后由于人流量特别大,在出现连晴天气、风力大、气温升高时,祭扫踏青应严禁野外用火。

毛竹具有喜温喜湿的特性,如果年降水量在 800～1000 mm、年平均气温达到 15℃左右,就适宜毛竹的生长,宁波西部山区普遍具备这种气候环境。但冬季山区的降雪造成毛竹枝叶积雪,往往会压断竹竿。如果遭遇春夏季节的雷雨大风或夏秋季节的台风,又会把风口上的新竹刮断。至于毛竹病虫害的发生和流行,又往往和气象条件有一定关系,例如毛竹的枯梢病就同盛夏高温干旱有关,竹螟的危害则与高温高湿有关。

一些水果的品质也与气候环境有关,我国自古就有"橘生淮南则为橘,生于淮北则为枳"的说法。桃喜温暖气候,在奉化、宁海一带广泛种植;西瓜喜温暖气候,洞桥八戒西瓜品质优良;葡萄和柑橘适应性最强,宁波大部分地区均有种植;白枇杷以宁海、象山等地为优;而杨梅则数慈溪、余姚最佳。

3.5 畜禽

畜禽疫病的流行具有明显的季节性,温度、湿度、光照、风等气象条件对畜禽生育、引种、疾病防治、舍饲以及畜禽产品的储藏、运输、保鲜等都有影响,特别是干旱、暴风雪等更容易造成灾难。

气温是影响畜禽生长发育的主要气象因子。每种畜禽都有一个适宜的温度域,在这个范围内,畜禽的生产力、饲料利用率、抗逆力和繁殖力都较高,如夏季高温时奶牛产奶量下降、冬季低温时母鸡产蛋量下降等。多数家畜适宜的温度一般为 8～25℃,如牛是 18℃左右、猪是 20～22℃、鸡是 17～24℃、羊是 20～28℃、狗是 15～25℃。较高气温(最高气温≥30℃)、高湿(空气相对湿度≥75%)环境下,畜禽会因热应激而减产甚至死亡。温度过低加上饲料的不足,则使畜禽因冷应激而受害。畜禽适宜的空气相对湿度一般为 50%～60%。空气湿度大,炎热时期易使牲畜中暑,寒冷时期则会加剧冻害。

适宜的光强和光周期有利于畜禽的新陈代谢。在自然条件下,短日照时公羊的精液质量高;长日照时公马的精液质量好,家兔受胎率高。产蛋鸡每天需要有 13～16 h 的光照,而育肥的鸡、猪则对光照要求不严。

夏季高温时,一定量的风速能促进畜禽食欲,提高产量。冬季低温时刮风则会加大畜体的热量消耗,降低饲料利用率,加重冻害。

3.6　盐业

盐业是个大的露天工厂,四季生产受气象因素制约较大,盐产量的高低在很大程度上取决于当年的气象条件,其中对盐业有明显影响的是风力、气温和降水。

大风对盐业生产有利也有弊。在同一天气条件下,风力越大,则蒸发量越大,挥发效果越好。但是当风力增大到足以带起尘土时,就会使大量尘土混入盐水中,并沉淀到盐结晶里,使盐结晶中的杂质增多,增加晒盐的难度。

气温越高,蒸发量越大,越有利于盐业生产。

海盐生产归根结底是一个海水蒸发与盐结晶的物理过程,降水是海盐生产的最重要影响因素,其影响主要是淡化卤水、融化原盐、破坏盐池底板,是盐业生产的大敌。

3.7　建筑

建筑物为了保障人类有舒适的室内小气候,因此,在设计、施工中都要充分考虑当地的气象条件和人的生理卫生对环境的要求。城市建筑物群体,特别是高大建筑物,使光照、风速等气象要素在与下垫面之间复杂的相互作用后,发生很大变化,使局地所形成的特殊小气候也相应发生变化,这些变化直接影响着人类。

我们在利用建筑物给人类带来的有利方面时,也要防止一些不利因素的出现。例如,当气象要素的极端值超过建筑工程设计的条件时,会给人类的生命和财产带来损失。因此,工程设计总是以一定重现期的气象条件作为设计依据。又如当雷电发生时,建筑物若没有防雷系统将强大的雷电电流传导到大地,建筑物就会受雷击而发生火灾,甚至危及人的生命。

在进行城镇规划和建筑设计时,应充分考虑光照与街道方位的搭配。要联系当地实际,比较不同街道方位的日照条件,选出最佳街道方位,再用理论指导实际生活。另外,风向决定污染物的输送方向,在常年盛行一种主导风向的地区,应将向大气排放有害物质的工业企业布局在盛行风的下风向,居住区布局在上风向。而在季风区,应使向大气排放有害物质的工业企业布局在当地最小频率的风向的上风向,居住区布局在下风向。

3.8　陆地交通

火车、汽车等陆地交通工具的运行及路面状况、线路的选择都受到气象条件的影响,其中以强风、暴雨和雪对交通的影响最大。

强风可以摧毁桥梁、吹倒电线杆等而使交通中断。车辆受强风(特别是横侧风)的影响而行驶困难,易发生误点和颠覆。研究表明,当风速超过 15 m/s 或阵风超过 22 m/s 时,在公路上行驶的机动车就会有危险,体积高大的机动车出现危险的可能性要大得多。强风也会使海岸地沙面堆积、盐分飞散而造成对铁轨和架空线路的损坏。

暴雨及其引起的洪水可使路面浸水,泥沙流入并铺盖路基路轨,严重时会冲毁路基轨道。山区的暴雨使涵洞来不及排泄,造成桥梁、涵洞被毁。暴雨也会引起山区道路两侧产生落石、崖崩而阻断交通。

雪堆积在轨道和路面上,易使轨道、路面冻结而使车辆打滑,造成交通事故,阻塞交通。雪堆积在桥梁上,雪载荷易造成桥梁倒塌。山坡上的雪载荷增加、雪的蠕动和滑动易导致雪崩,使山区交通阻塞,甚至瘫痪。

陆地交通运输常需要穿越不同的气候区,应尽量避开气候灾害,才能保证运行的安全和较大的经济效益。公路设计和建设时应注意沿线的暴雨及泥石流、大风等出现的频率和强度,以及冻土、积雪的深度等,桥梁设计和建设时应注意当地暴雨强度。

3.9　航海

船舶在海洋中航行,受到气象条件以及气象条件引起的海洋物理现象的影响,有时成为威胁航海安全的重要因素。

海雾是影响海面能见度的主要因素之一。不论在海上还是在港口,雾能直接影响到船舶的活动。特别在浓雾出现时,可使船舶发生偏航、搁浅、触礁和碰撞等海事事故。每年的冬春季节是宁波沿海海面海雾的高发期。

大风或暴风能掀起滔天巨浪,使船舶摇摆,难以操纵。当风速超过船舶的抗风能力时,会危及船舶安全。在暴风作用下,船舶易发生搁浅或碰撞;船在强逆风下航行,不仅航速减慢,而且消耗燃料增多。

海冰是指海洋中的一切冰,可分为固定冰和流冰。海冰主要由海水冻结而成,也包括由江河流入海洋的淡水冰。海冰能造成港口封冻,航道阻塞,威胁航海安全。

3.10　水文

水文气象服务是有效保护水资源、促进水资源合理开发利用、减少水旱灾害损失的重要措施。首先,防洪防汛工作需要密切关注天气变化、充分利用气象预报信息,才能对洪水来袭做到防控有力,对洪水入侵做到应对有序,对防洪减灾起到最直接有效的作用。其次,随着经济社会发展、人口的增加和人民生活水平的提高,水资源短缺的严重性日益显露。准确、及时的气象预报对充分利用降水资源、实现最佳的防洪调度,同时兼顾发电、灌溉、城市用水等综合利用的效益起到关键作用。

3.11　电力能源

电力能源行业与天气、气候变化的关系非常密切,无论是电力能源的生产、运输,还是能源的消费需求、价格波动等各个方面都会受到天气、气候的严重影响。大风、雨雪冰冻、雷电等灾害性天气能造成供电设施的损坏,特别是雨雪冰冻导致的电线覆冰和雷电造成的线路跳闸对电网输变电设备的影响最大。电力调度也受气温、湿度、天气状况等的影响,其中电力需求对气温的变化十分敏感,夏季高温的午后和冬季低温的夜间都是用电高峰期。

经风能资源综合评估,宁波市属于风能丰富的 I 类地区,具有较丰富的风能资源。从杭州湾南岸海岸线的慈溪、镇海、北仑,到象山半岛和宁海沿海及 500 m 以上高山,年平均风速 5~8 m/s,年有效风速时数均大于 6000 h。杭州湾南岸有效风能密度在 100 W/m² 以上,可利用时间在 6500~7000 h;东部沿海全年风能可利用时间一般可达到 7000 h 以上,位于东部沿海的石浦有效风能密度为 143.5 W/m²,檀头山岛有效风能密度更是接近 300 W/m²,说明宁波沿海风能资源非常丰富,为风能的开发利用提供了良好的资源优势。

3.12　旅游

现今,旅游已吸引着越来越多的人,旅游收入也呈现爆发式的增长。其实,旅游与气象还有着密切的联系。

首先,旅游有季节性,这就需要了解不同季节不同的天气特点。例如夏季全国各地普遍高温,南北方的温差小,而沿海由于受海洋的影响,气温较内陆低,所以夏季沿海一带特别是有较好浴场的地方是旅游的热点。一些高山由于气温随高度增加而递减，成为人们青睐的避暑胜地。

其次，旅游中的安全与气象分不开。春季气温回升、万物苏醒，一些病菌开始繁殖，如果这时外出旅游应特别注意个人卫生，以免染上疾病。夏季台风、暴雨天气多，在海滨度假，特别是下海游泳一定要注意当天的天气预报，在高山避暑要注意雷雨、大风天气及山洪、地质灾害等次生灾害。秋季由于早晚温差大，外出要加衣。冬季在北方滑冰要注意冰清。总之，外出期间要留意天气信息，诸如晴雨、风力、气温等，以减少旅游途中不必要的麻烦。例如宁波到普陀山去的游客就应了解游玩期间的海上风力情况，以免中途耽搁，劳神伤财。

旅游业离不开气候，气候是旅游业中不可缺少的一种资源。天气、气候被誉为"风景的妆容""风景的化妆师"，跟旅游资源密切相关。天气条件往往是形成旅游景观的基础，丰富的气候资源造就了诸如云海、佛光、雾凇等丰富多彩、美轮美奂的自然景观，香山红叶、洛阳牡丹驰名全国，甚至沙漠景观也能使潮湿地带的居民感到新奇不已。很多气象景观本身就是旅游资源，如，冬日雪景是最壮丽的自然景色，夏日雷电则是最惊心动魄的自然现象，秋高气爽使人心情平静，春暖花开使人感到生机盎然。因此，自然界和人类社会凡能对旅游者产生吸引力，可以为旅游业开发利用，从而产生经济效益、社会效益和环境效益的各种天气现象、气候条件及其衍生产物均可称为气象旅游资源，气象旅游资源在旅游业发展中的作用和商业价值日益显现。

3.13　商业

气象与商业活动息息相关，天气变化常常造成市场行情的波动。连阴雨和洪水影响蔬菜的供应和价格，天气不好时商场客流量稀少，这些现象都是人们熟悉的。另外，如啤酒、空调、蚊香、冰淇淋等的销售也都与天气有关。

据日本统计，当气温超过 22℃ 时，日本人就开始想来一杯啤酒，如果气温再升高 1℃，每家啤酒公司就可以多卖 230 万瓶；30℃ 气温的天气每延长一天，日本全国空调就可多卖 4 万台；气温高于 26℃，蚊香就开始有销路，而气温每上升 1℃，就等于增加了 10 亿日元的市场；冰淇淋在气温超过 27℃ 后消费情况大好，但超过 30℃ 时冰凉有劲的刨冰则更畅销。因此，生产企业根据天气的变化来调整生产数量是一个简单而有效的办法，根据天气变化调整生产、经营也是一个增加利润的生财之道，并能产生巨大经济效益，据美国一家权威机构统计，其投入产出比高达 1：90。

3.14　保险

随着经济规模的发展壮大,气象因素导致的经济损失也在持续上升,特别在东部沿海经济发达地区,气象灾害更为频繁。保险、再保险在转移天气灾难事件风险中扮演重要角色,世界各国也非常注重利用保险手段来转移各类自然灾害风险。同时,气象与保险关系密切,保险险种设计、灾中预警及灾后理赔,均离不开气象科技与数据的支撑。利用气象信息可以计算区域性的风险概率、开发更精确的财产损失评估并由此决定保险公司保险金的高低,为保险公司提供充分的决策依据。

暴雨巨灾、茶叶低温霜冻、水蜜桃产量、白枇杷低温霜冻等气象保险指数,为费率厘定提供技术依据,并为气象指数保险事故提供定责理赔依据,提高农业保险赔付效率。

3.15　军事

战争与天气从来密不可分,气象的影响甚至决定了交战双方的胜负,“万事俱备,只欠东风”“东风不与周郎便,铜雀春深锁二乔”。“天时、地利、人和”中的天时,指的就是适合作战的时令、气候。但天气对军事活动来说又是一柄“双刃剑”,不同天气条件对军事活动的影响往往不同,即使是同一种天气条件,也常常因指挥员和部队利用是否得当而产生不同的结果。气象对战争的影响主要表现在以下几个方面。

风:大风和强烈的垂直气流是危及飞机飞行、导弹发射安全,影响火炮射击精度的重要因素。

云:低云影响侦察、射击、投弹,积雨云对导弹、火箭发射和飞机飞行安全威胁很大,云层对再入大气层的导弹弹头可以造成侵蚀从而增强或减弱核爆光辐射效应。

雾:大雾给飞机起降、舰艇编队航行、军种兵种协同作战等带来困难,雾层能使化学毒剂蒸汽产生凝结、沉降和水解从而降低杀伤效能等,雾也可以作为“天然烟幕”,掩护部队的作战行动。

降水:大雨暴雨和连续性降雨可引起山洪暴发、土壤流失和泥石流等灾害,从而冲毁军事设施。毛毛雨、雪会降低能见度,冻雨可使飞机、导弹外壳和雷达天线等积冰而影响性能。

沙尘暴:能引起电磁波衰减,干扰无线电通信,危害兵器和设备,强烈的沙尘暴卷起沙石可形成沙壁向前推进,使能见度接近于零。

项羽“无颜见江东父老”自刎乌江,“天亡我,非用兵之罪也”,霸王并非完全怨天

尤人。楚汉争霸，项羽百胜一败，乌江自刎时，埋怨老天不帮忙，"天亡我，非用兵之罪也"。司马迁揪着这句话，在《史记》里狠狠地批评了霸王一番。近代著名气象学家竺可桢在《天道与人文》中指出，从气候角度出发，项羽的埋怨有一定的道理，并且从《史记》和《汉书》中都找到了替项羽辩护的证据。项羽当年以数万大军打得刘邦几十万联军满地找牙，被赶到睢水河边，如果不出意外，刘邦基本上就被收拾掉了。结果呢？忽然没来由地刮起一阵狂风，连屋顶都被掀翻、大树都被拔起，敌我双方根本分不清彼此，刘邦带着几十名亲信趁机从楚军的视野里消失，捡得一条性命逃出重围。突变的天气虽然没有改变这一战的结局，却可能改变了刘项的结局，霸王之遗憾也不是没有缘由的。

诸葛亮艺高胆大草船借箭，古人也蛮"拼"的，但成事还在"天"。"草船借箭"是诸葛亮应用"天气预报"取得成功的著名战役之一。周瑜嫉妒诸葛亮之才，欲用计害之，令他限期十日造出十万支箭，诸葛亮自言三天必能造出，且立下军令状，为什么诸葛亮这么有把握呢？他在"借箭"成功后对鲁肃解释到："亮于三日前已算定今日有大雾，因此敢任三日之限。"诸葛亮预报天气有雾达到三天之久。诸葛亮在短、中、长期天气预报都是很准的，有人做过统计，三国演义中诸葛亮主要预测了四次天气，博望坡大捷后、赤壁之战、魏国都督曹真率领四十万大军进犯蜀国时、建兴十二年诸葛亮率军伐魏时。但诸葛亮对天气预测也不是万无一失的，他对突发性的天气变化也无能为力，诸葛亮最后与司马懿决一死战就赶上了鬼天气。按诸葛亮每次打仗必然预测天气的习惯看，诸葛亮在与司马懿的"上方谷一战"中，他必然预测万里无云，才设计包围司马父子于上方谷中，欲用火攻烧死他们。令诸葛亮意想不到的是，正要大获成功之际，忽然狂风大作，黑气漫天，一声霹雳响过，骤雨倾盆，满谷之火，尽皆浇灭，地雷不震，火器无功，司马父子死里逃生。诸葛亮气得叹道："谋事在人，成事在天，不可强也！"。

元朝东征，"神风"拯救日本。1274 年 10 月 20 日，元朝和日本之间发生的"文永之役"已经进行到白热化阶段，元军分两路在日本的博多湾登陆，打得日军溃不成军。元军乘机追击，但却由于副帅刘复亨在追击中中箭受伤，攻势减弱，而且天色已晚，元军便停止了进攻。当晚，元军召开军事会议。多数将领认为形势不利，很多人都高估了日军数量，而且国内没有派遣援军，主张撤退。于是忻都下令撤退，但很不幸，撤退当晚，一场台风突然来袭，不可一世的元朝大军被这场大风完全吞没。在这次征战中，元军损失兵力 1.3 万余人，其中绝大多数不是战死，而是死于这场风暴。由此，元朝再也不敢贸然发动对日本的袭击。1279 年元军第二次入侵日本时又刮起一阵足以摧毁元军船只兵甲的台风，因为当时日本人相信是天皇的神灵帮助铲除了元军，所以称作是"神风"。

一场大雾，华盛顿获得了生机。美国独立战争中，美国军队由志愿兵组成，既没有武器也没有制服。而相比之下，英军却装备齐全。1776 年 8 月 22 日，在美长岛战役中,华盛顿将军率领的美军本来可能遭到彻底的挫败,可是一场适时的大雾掩护美军顺利撤退,为其以后的反攻埋下了伏笔。

恶寒天气,拿破仑败走华沙。 1812 年 6 月,拿破仑率领联军 60 万人,以迅雷不及掩耳之势向俄国发动进攻,很快占领了大片土地。可是,拿破仑忽略了俄国夏热冬冷的气候特征,盛夏酷暑和暴雨的袭击,使士兵中暑生病,纷纷死去。到了 10 月底,严冬将临,北方寒潮频频南下,日均气温在 −20℃ 以下。寒风肆虐,大雪纷飞,由于大军深入腹地已久,粮草供应不上,又无房屋可蔽身,饥寒交迫,士兵厌战,加上行军又常迷路,伤员、战马冻死,尸横遍野。俄军这时乘机截杀进去,联军溃不成军,仅剩下"两万个饿坏冻伤的幽灵"。

高效运用天气,日本海军成功偷袭珍珠港。 1941 年 12 月 8 日,日本海军偷袭珍珠港。日本气象人员预报 11 月下旬至 12 月上旬,北太平洋上天气晴朗。于是日本军舰从日本向东到夏威夷群岛航行 12 天,选择了冬季中风大浪急的北航线,估计美机不会到那里巡逻。日本舰队从 11 月 26 日起航,途中遇到好天气,加快了航程。12 月 8 日,突击舰队到达珍珠港以北 200 海里①处。突然,日本的 350 架飞机分两批出击,在 2 h 内投下炸弹、鱼雷 600 多枚,使美国太平洋舰队遭到巨大的损失。炸沉炸伤美军舰艇 40 余艘,炸毁飞机 200 多架,美军伤亡 4000 多人。美军主力战舰"亚利桑那"号被炸弹击中沉没,舰上 1177 名将士全部殉难。次日,美国正式对日宣战,太平洋战争爆发。

西风助力气球弹漂洋过海。 当时日本一个气象学家荒川秀俊突发奇想,距离地面 10000 m 高空有一稳定西风带,可从日本到美国,如果用高空气球吊上炸弹,就能神不知鬼不觉地轰炸美国。日本军方如获至宝,在 1944 年日本节节败退之际,数百个气球腾空而起,果然在美国降落爆炸,效果不亚于轰炸。此后,日本累积施放了9000 余枚气球炸弹,给美国造成巨大损失。不过,美国很快搞清了气球炸弹的底细,采取了空中拦截,同时封锁消息,让日本误以为气球炸弹效果不大,最后放弃了施放。

一小段好天气,成就诺曼底登陆。 1944 年 6 月 4 日,是盟军最高统帅部历史上最不平凡的一天。盟军集中 45 个师,1 万架飞机,几千艘舰船,即将开始诺曼底登陆作战。这时,在大西洋上招待任务的气象船和气象飞机发来了令人沮丧的消息:今后三天英吉利海峡将在低压槽控制下,舰船出航十分危险。盟军统帅艾森豪威尔将军面对风高浪急的海峡一筹莫展,不得不把进攻的时间推迟。盟军司令部里的空气显得异常压抑,各军兵种的高级军官们都知道,登陆发起日对天气的要求非常苛刻,而1944 年的 6 月只有几天能满足这种要求。正在大家愁眉紧锁的时候,盟军联合气象组负责人、气象学家斯塔格提出一份预报:有一个冷锋正在向英吉利海峡移动,而在冷锋过去和低压槽到来之前,可能有一段较好的天气,这一天可能是 6 月 6 日。当

---

① 　1 海里 = 1.852 km

晚,联合气象组对 6 日的天气又做了更为详细的预报:上午晴,夜间转阴。这种天气虽不很理想,但起码满足了登陆的基本条件。兵家最忌犹豫不决,面对着这确实的天气预报,绝不能错失良机,盟军统帅当即拍板定案:6 月 6 日为登陆作战的发起日。正是这果断的选择,使这次登陆战役大获全胜。德军的气象人员没有预报出 6 日的短暂好天气,认为法国西部地区连续数日将会是暴风雨的天气,使得德军统帅部判断盟军不可能在这样恶劣的天气发起进攻。德军西线司令官隆美尔对部下交代说:"天气恶劣,可以考虑休整一下。"而他自己于 5 日早晨回国,去庆贺他夫人的生日了。因此,德军在诺曼底地区放松了戒备,甚至连一些例行的飞机、舰艇的巡逻也都被取消了,使得盟军诺曼底登陆一举成功。

广岛、长崎的天气决定了它们成为原子弹目标,真可谓"在劫难逃"。 1945 年 8 月 6 日,广岛上空晴空万里。7 时 9 分,一架气象侦察机飞过广岛上空,发回报告:"云层覆盖小于 3/10,建议投放原子弹。"这意味着,广岛的晴朗天气适合投放第一颗原子弹。8 月 8 日,第二颗原子弹载入 B-29 轰炸机,但是作为原定投放目标的北九州市上空乌云密布,不适合原子弹投放,因此,备选的长崎市就不幸成了第二颗原子弹的目标。

海湾战争,气候让高尖科技受限。 海湾战争是 1991 年 1 月 17 日至 2 月 28 日,以美国为首的多国联盟在联合国安理会授权下,为恢复科威特领土完整而对伊拉克进行的局部战争。1990 年 8 月 2 日,伊拉克军队入侵科威特,推翻科威特政府并宣布吞并科威特。以美国为首的多国部队在取得联合国授权后,于 1991 年 1 月 16 日开始对科威特和伊拉克境内的伊拉克军队发动军事进攻,主要战斗包括历时 42 天的空袭以及在伊拉克、科威特和沙特阿拉伯边境地带展开的历时 100 h 的陆战。美军虽然有夜视和红外设备,但是由于沙漠地区气候炎热、飞沙漫天,扬起的尘土曾使军事雷达、无线设备受到干扰,而导弹、卫星、飞机都难以正常工作,多国部队一些非战斗死亡人员,其死因多与天气条件导致的武器失灵有关。

第 4 章　防灾篇

人是自然之子,对人类来说,自然界一直都是神秘莫测的,有风平浪静、风和日丽,也有电闪雷鸣、地震海啸、火灾洪水,使我们的祖先对大自然充满了敬畏之情。当我们了解了自然的奥秘之后,发现千姿百态的大自然实际上不过是物理、化学和生物的种种运动。我们要尊重自然规律,敬畏自然,与自然和谐共处,科学应对,就能减少自然对人类的伤害。

防灾就是维稳,减灾就是增效,防灾减灾就是趋利避害。气象灾害是指大气运动的演变对人类生命、财产、生活和社会基础设施、国防建设等造成直接、间接损害或严重影响,如台风、暴雨、高温、干旱、大风、雷电、冰雹、龙卷风、大雾、暴雪、道路结冰等。就世界范围而言,70%以上的自然灾害是气象灾害,近90%的人员伤亡为气象及其次生灾害所致。据20世纪90年代统计,在我国,气象灾害占各类自然灾害的70%以上,其造成的经济损失平均每年占GDP的3%~6%、占每年GDP增加值的10%~20%(图4.1)。而且随着经济的快速增长,气象灾害造成损失的绝对值也越来越大。气象灾害之所以如此严重,主要是因为气象灾害具有频发、多发的特点,又可衍生出其他灾害或加重其他灾害,造成损失累积量大。

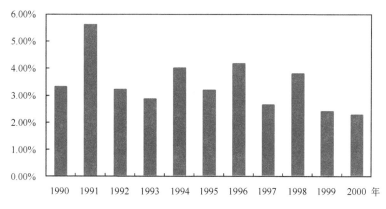

图 4.1　气象灾害造成的损失占 GDP 比例

宁波是气象灾害多发之地,据史料记载,宁波曾经出现的气象灾害见表4.1。

表 4.1 宁波地区气象灾害的历史记载(截至 2000 年)

年代	气象灾害记事
321 年(晋大兴四年)	七月,大雨。饥
335—337 年(晋咸康年间)	旱,余姚特甚
463 年(宋大明七年)	浙东诸郡大旱
729 年(唐开元十七年)	八月,大水
767 年(唐大历二年)	七月,大风海潮翻,飘荡州廊,溺者众
828、829 年(唐太和年间)	大风海溢
830 年(唐太和四年)	大水害稼
831 年(唐太和五年)	大水害稼
839 年(唐开成四年)	旱
844 年(唐大中二年)	风雨挟雷电,沿江田地顷为洪波
852 年(唐大中六年)	旱魃为灾
1032 年(北宋明道元年)	七月大风雨,海溢,溺民害稼。大饥
1033 年(北宋明道二年)	八月,大水漂没农舍
1037 年(北宋景祐四年)	八月,大水
1038 年(北宋宝元元年)	七月,大风雨,海溢,大饥
1045 年(北宋庆历五年)	夏,宁海大水
1073—1075 年(北宋熙宁年间)	余姚、慈溪、镇海连年旱
1093 年(北宋元祐八年)	明州大旱 海风驾潮害民田
1099 年(北宋元符二年)	十月,江河水溢,高余丈,有声,数日乃止
1131 年(南宋绍兴元年)	二月雨雹,十月大水,大饥
1140 年(南宋绍兴十年)	旱,饥。人食草木
1148 年(南宋绍兴十八年)	八月,明州大水害稼
1158 年(南宋绍兴二十八年)	余姚大风水成灾
1163 年(南宋隆兴元年)	八月大风大水,饥
1165 年(南宋乾道元年)	正月至四月霪雨。大疫
1166 年(南宋乾道二年)	夏旱无麦
1170 年(南宋乾道六年)	大旱
1171 年(南宋乾道七年)	大旱
1172 年(南宋乾道八年)	五月大风雨,漂没民居、损稼禾
1174 年(南宋淳熙元年)	大旱
1177 年(南宋淳熙四年)	五月、九月,大风雨,明州海涛坏堤
1178 年(南宋淳熙五年)	秋大水,飓风驾海潮害稼
1180 年(南宋淳熙七年)	旱,饥
1181 年(南宋淳熙八年)	五月,大水漂没民居,田稼尽腐。大饥

年代	气象灾害记事
1182 年（南宋淳熙九年）	明州大旱，大饥
1184 年（南宋淳熙十一年）	七月壬辰，风雨，山水暴出浸民市
1193 年（南宋绍熙四年）	四月霖雨至于五月。大饥
1194 年（南宋绍熙五年）	鄞、慈、定秋涛害稼，人食草木；余姚海塘悉被冲毁
1205 年（南宋开禧元年）	余姚百日不雨，大旱
1209 年（南宋嘉定二年）	夏，大水坏田庐、害稼
1211 年（南宋嘉定四年）	七月辛酉，大水，人多溺死
1213 年（南宋嘉定六年）	十二月，风潮坏海堤
1216 年（南宋嘉定九年）	大水
1226 年（南宋宝庆二年）	大风海溢，溺民居百十家
1228 年（南宋绍定元年）	奉化大水，漂庐舍，惠政桥陷
1237 年（南宋嘉熙元年）	夏盖湖若岁大旱
1240 年（南宋嘉熙四年）	余姚、慈溪大旱，饿殍成丘
1242 年（南宋淳祐二年）	大水
1272 年（南宋咸淳八年）	八月大水
1274 年（南宋咸淳十年）	四月，大风拔木
1285 年（元至元二十二年）	秋，大水伤人民坏庐舍
1291，1292 年（元至元年间）	庆元路大水，饥
1301 年（元大德五年）	余姚海溢
1302 年（元大德六年）	五月不雨至六月，大旱
1303 年（元大德七年）	五月风水大作，宁海、临海二县死 550 人
1307 年（元大德十一年）	庆元路大旱
1308 年（元至大元年）	象山旱，饥户数万，死者甚众
1310 年（元至大三年）	三月，大雨水害稼
1324 年（元泰定元年）	二月旱，饥
1335 年（元至元元年）	夏，海溢。坏上林至兰风数十里海堤
1336 年（元至元二年）	三月乙丑不雨至八月，大饥
1338 年（元后至元四年）	六月，余姚海溢
1340 年（元后至元六年）	五月，奉化山崩水涌，溺死甚众
1344 年（元至正四年）	海啸、海溢伤禾成灾
1352 年（元至正十二年）	自四月不雨至七月，大旱
1353 年（元至正十三年）	庆元路大旱
1375 年（明洪武八年）	至九年夏，皂李湖大旱
1378 年（明洪武十一年）	海溢堤决，居民漂没无算
1418 年（明永乐十六年）	大风

年代	气象灾害记事
1420 年(明永乐二十年)	飓风海溢
1438 年(明正统三年)	五月至七月亢旱无雨
1445 年(明正统十年)	鄞、慈、定春大旱三月,饥民遭大疫,人绝往来
1458 年(明天顺二年)	旱,荐饥
1459 年(明天顺三年)	旱,荐饥
1460 年(明天顺四年)	四、五月,阴雨连绵,江河泛滥,麦禾俱伤
1461 年(明天顺五年)	夏旱,蝗
1471 年(明成化七年)	九月,海溢,余姚溺死 700 余人
1472 年(明成化八年)	七月,大潮,民溺死万计
1473 年(明成化九年)	水溢坏田庐
1481 年(明成化十七年)	大水。饥
1482 年(明成化十八年)	大水。饥
1483 年(明成化十九年)	大水。饥
1487 年(明成化二十三年)	秋大旱
1488 年(明弘治元年)	旱,大饥荒
1489 年(明弘治二年)	旱,大饥荒
1490 年(明弘治三年)	旱,大饥荒
1491 年(明弘治四年)	旱,大饥荒
1494 年(明弘治七年)	七月至十二月不雨,大旱
1498 年(明弘治十一年)	大风雨。水涌高三、四尺。灾、饥
1499 年(明弘治十二年)	春旱,冬大寒,姚江冰冻
1501 年(明弘治十四年)	秋旱,蝗,大饥
1502 年(明弘治十五年)	七月,大雷电
1503 年(明弘治十六年)	九月旱灾,人民艰食
1508 年(明正德三年)	宁波府各县六至十二月不雨,冬大雪
1510 年(明正德五年)	大水。饥
1511 年(明正德六年)	大旱 海溢,漂溺居民
1512 年(明正德七年)	七月,飓风,自姚北至甬江口海溢、山崩、决堤
1515 年(明正德十年)	冬大水、春雨雹,伤麦、杀禽鸟
1519 年(明正德十四年)	夏旱,饥
1520 年(明正德十五年)	夏大旱,饥
1522 年(明嘉靖元年)	夏,龙卷风。附子湖一带坏舍拔木
1523 年(明嘉靖二年)	夏旱,饥 八月,象山风雨大作,海骤溢,坏塘岸,溺死者众

续表

年代	气象灾害记事
1525 年(明嘉靖四年)	夏旱,疫
1527 年(明嘉靖六年)	春、夏大水。春花无收。大饥
1531 年(明嘉靖十年)	八月,大水
1537 年(明嘉靖十六年)	七月,宁波海溢,水入灵桥门
1540 年(明嘉靖十九年)	秋,大水
1545 年(明嘉靖二十四年)	秋大旱,米价踊贵
1561 年(明嘉靖四十年)	秋,涝
1564 年(明嘉靖四十三年)	夏大旱
1568 年(明隆庆二年)	宁海大风雨坏田地、民房无数,流尸遍野
1569 年(明隆庆三年)	闰六月十四日,飓风、海啸、暴雨,各县均受害
1575 年(明万历三年)	海啸,坏庐舍
1587 年(明万历十五年)	大风拔木发屋,海水大至
1588 年(明万历十六年)	春雨不止,雪连旬,夏旱,宁波府五县大饥
1589 年(明万历十七年)	大旱
1591 年(明万历十九年)	七月,大风雨
1596 年(明万历二十四年)	秋,大水伤稼。民多淹死
1598 年(明万历二十六年)	浙江九月水灾,镇海、奉化、象山皆被灾
1609 年(明万历三十七年)	秋,大水,漂没农舍无数
1611 年(明万历三十九年)	镇海大水
1618 年(明万历四十六年)	七月,大水坏庐舍。溺死者甚众
1621 年(明天启元年)	六、七月亢旱
1622 年(明天启二年)	十二月,大水
1626 年(明天启六年)	象山大旱,至次年六月始雨
1627 年(明天启七年)	七月,大水
1628 年(明崇祯元年)	七月二十三日,海溢。漂没庐舍、人畜无算
1632 年(明崇祯五年)	七月,咸水直注余姚
1633 年(明崇祯六年)	六月,余姚、慈溪、定海飓风暴雨,民屋倒塌 海啸。飓风拔民居
1634 年(明崇祯七年)	八月,大水
1636 年(明崇祯九年)	大旱
1637 年(明崇祯十年)	大风
1638 年(明崇祯十一年)	六月甲寅,大风
1640 年(明崇祯十三年)	大旱
1642—1644 年(明崇祯年间)	宁波、镇海俱大旱,饥,民取白泥以食,竞传曰观音粉
1646 年(清顺治三年)	余姚、慈溪、定海四至七月无雨,大旱

年代	气象灾害记事
1654 年（清顺治十一年）	夏大旱，河底开裂 宁波、余姚、镇海冬大寒，江水皆冰，冻死树木无算
1655 年（清顺治十二年）	夏大旱
1658 年（清顺治十五年）	三月，镇海大雨雹，击死牛羊 七月，大风
1661 年（清顺治十八年）	大旱，饥
1662 年（清康熙元年）	宁海自春入冬亢旱异常，农田概为焦土，饥荒尤甚
1663 年（清康熙二年）	六月，大风潮
1664 年（清康熙三年）	八月，大水
1665 年（清康熙四年）	秋七月，宁海大风雨，岁大歉
1667 年（清康熙六年）	四月大旱，饥
1669 年（清康熙八年）	秋，宁波府海溢，大水，一夕地积水高数尺
1670 年（清康熙九年）	大风害稼
1671 年（清康熙十年）	夏大旱
1681 年（清康熙二十年）	四月至五月，霪雨，禾稼尽淹死 六至十一月旱
1687 年（清康熙二十六年）	大旱
1690 年（清康熙二十九年）	七月，大风雨，山洪暴发，平地水深丈余
1693 年（清康熙三十二年）	春、夏亢旱 九月，大水
1696 年（清康熙三十五年）	大旱自去秋不雨至是年五月始降。早禾俱萎，晚禾薄收
1705 年（清康熙四十四年）	霪雨连日，汪洋一片
1709 年（清康熙四十八年）	大水
1710 年（清康熙四十九年）	六月十日始放晴，亢旱六十日
1715 年（清康熙五十四年）	正月十四日夜地震，北乡大水
1723 年（清雍正元年）	秋大旱，荒
1724 年（清雍正二年）	七月，海溢。漂没庐舍，溺死二千余人
1725 年（清雍正三年）	七月十八日大雨，海水溢
1742 年（清乾隆七年）	八月十七日飓风，涌潮坏塘
1744 年（清乾隆九年）	海啸害棉花
1747 年（清乾隆十二年）	大水
1749 年（清乾隆十四年）	七月二十八日飓风拔木
1751 年（清乾隆十六年）	大旱，五月不雨至八月，大饥
1754 年（清乾隆十九年）	大水
1755 年（清乾隆二十年）	大水

年代	气象灾害记事
1758 年(清乾隆二十三年)	秋,大雨三昼夜,山水暴出
1760 年(清乾隆二十五年)	七月,大风潮
1770 年(清乾隆三十五年)	大风潮
1771 年(清乾隆三十六年)	八月,大水,大风潮
1781 年(清乾隆四十六年)	六月,暴风竟夕
1794 年(清乾隆五十九年)	七月,大风拔木连旬,木棉尽坏
1796 年(清嘉庆元年)	海溢。利济塘下木棉尽坏
1802 年(清嘉庆七年)	大旱
1804 年(清嘉庆九年)	春,雨伤稼禾。米价腾涌
1805 年(清嘉庆十年)	大旱
1810 年(清嘉庆十五年)	大旱,咸潮入稻田,禾稻立枯
1814 年(清嘉庆十九年)	旱,大饥
1819 年(清嘉庆二十四年)	夏旱,姚江咸潮达上虞通明堰
1820 年(清嘉庆二十五年)	旱,咸潮达通明堰 七月二十三日,大风雨。晚禾尽没
1823 年(清道光三年)	七月初二日,大风海溢。八月初四、五日海溢。木棉尽坏 七月初八大雨,水平地高数尺。害禾稼木棉。八月初四、五复大雨
1825 年(清道光五年)	七月十日,大风坏庐舍,拔木损木棉
1827 年(清道光七年)	七月二十四日,大风,海溢
1828 年(清道光八年)	秋大旱
1831 年(清道光十一年)	夏,霪雨害稼。秋,大水
1834 年(清道光十四年)	秋,海潮入利济塘,阖境受害
1835 年(清道光十五年)	七月,大风雨,坏塘堤,没庐舍,溺死沿海人畜无算
1837 年(清道光十七年)	七月二十四日大风雨,江河皆溢
1842 年(清道光二十二年)	八月,大水坏塘,漂没庐舍
1843 年(清道光二十三年)	七月,大水。八月初八大风雨,东钱湖决,平地水高五六尺
1844 年(清道光二十四年)	夏大旱
1846 年(清道光二十六年)	大旱
1848 年(清道光二十八年)	正月十一大雷雨,十二日大风,十四日大雨雪
1849 年(清道光二十九年)	芒种后,大雨积旬,川泽皆满,平地水高三尺。饥民泛舟乞食往来如织
1850 年(清道光三十年)	八月,余姚县境被水。岁饥,斗米五百钱
1853 年(清咸丰三年)	六月二十三日起连日暴雨成灾。海潮泛滥
1860 年(清咸丰十年)	三月,龙卷风。飓风伴大雨,倾击纵横二十里,毁房、桥无数
1862 年(清同治元年)	七月十一日海晏乡大水,八月二十一日大水坏民房、田禾无数
1864 年(清同治三年)	暴风拔木,海舟倾覆 五月不雨至十一月,旱

年代	气象灾害记事
1865 年(清同治四年)	闰五月上旬,大水
1871 年(清同治十年)	暴风拔木,舟飞上岸
1872 年(清同治十一年)	七月,宁海大风雨,海潮泛滥,毁堤毁田
	夏大旱
1874 年(清同治十三年)	秋、冬旱
1877 年(清光绪三年)	五月二十三日,大风拔木
1881 年(清光绪七年)	七月,飓风大作,拔木害稼
1883 年(清光绪九年)	七月初一飓风暴雨,余、慈、镇受灾严重
	秋,大风。合抱之树皆拔。潮水溢塘
1884 年(清光绪十年)	秋,八月大水
1888 年(清光绪十四年)	八月二十三日,余姚东北诸乡流洪。禾棉皆损
1889 年(清光绪十五年)	大旱
	七月二十七日,大雨,山洪暴发,冲决堤塘,坏庐舍无算。八月至十月霪雨
1890 年(清光绪十六年)	六月,大水
1909 年(清宣统元年)	春夏大旱
	七、八月暴雨成灾
1910 年(清宣统二年)	闰六月十六日,台风夹雨,大水。房屋有被风卷去者,人畜有淹死
1911 年(清宣统三年)	七月,海溢
	八月,霪雨。木棉歉收
1912 年(民国元年)	六月中旬,飓风侵袭。早稻受损,棉花无收
	大水害稼
1913 年(民国二年)	闰六月中旬,飓风袭境。早稻受损,棉花无收
1915 年(民国四年)	姚北大旱
	七月二十六日夜,海溢
1918 年(民国七年)	夏、秋久旱。咸潮沿姚江内灌,至冬始退
1920 年(民国九年)	七月宁海狂风暴雨,淹田六七万亩① 溺死 64 人
1921 年(民国十年)	八月中旬,狂风骤雨,山洪暴发,决堤漂庐
	九月,暴雨,山洪暴发,鄞县马湖一带水深一二米
1922 年(民国十一年)	宁波各县水灾凡六次
	八月,飓风大作,海潮涌入。沿海水灾奇重
1926 年(民国十五年)	从黄梅季节开始到白露间连发四次大水,淹禾棉、民舍
1927 年(民国十六年)	七月初至九月底,三月不雨。晚稻无收,有饿死者
1928 年(民国十七年)	九月,宁海风雨成灾,淹死 270 人,灾民 3.14 万人
1930 年(民国十九年)	七月底,飓风过境。海潮之高,为近数十年所未见
1932 年(民国二十一年)	大风成灾

1 亩＝1/15 公顷(hm²),下同。

年代	气象灾害记事
1933 年(民国二十二年)	四月初,风雹毁屋拔树。果园和春花遭损
	九月,各县狂风暴雨,山洪暴发,海潮猛涨,灾情严重
1934 年(民国二十三年)	各县自四月起无雨,至中秋后始雨,旱近百天,大饥
1935 年(民国二十四年)	六至七月雨水不绝。洪水成涝
1936 年(民国二十五年)	七月下旬,大风侵袭,飞瓦、倒屋、拔树
1940 年(民国二十九年)	各县三至十月无雨,民无饮水,水稻无收,饿死甚众
1942 年(民国三十一年)	早稻开始收割,台风袭境受损
1943 年(民国三十二年)	大风,受灾六万七千多亩
1945 年(民国三十四年)	旱,受灾达七成
	狂风暴雨,拔树倒屋,淹没田庄
1946 年(民国三十五年)	九月历三次暴雨
1948 年(民国三十七年)	七月九日、十日,霪雨成灾。山洪暴发,河水泛滥
	初秋旱。井水干涸,稻田龟裂
1949 年(民国三十八年)	受 4906 号台风袭击。9 月 3 日又遭台风暴雨,海塘打不溃决,受淹农田 69.7 万亩,倒塌房屋 12311 间,死 170 人
	九月二十四日,天华乡出现龙卷风
1951 年	余姚 5 月 10 日至 6 月 16 日,干旱 36 天,受旱农田 10.97 万亩;慈溪 5 月少雨,7、8 月连旱 49 天,部分稻田断水成灾;8 月,象山县大旱
	8 月 20 日上虞暴雨。丰惠、下管山洪暴发,受淹 3.144 万亩
	9 月 19 日,台风暴雨又逢大潮汛。海塘多处被毁
1952 年	5 月连受暴雨,粮食减产
1953 年	4 月 15 日至 5 月 29 日,旱 46 天,受旱农田 3.56 万亩;7 月 1 日至 9 月 2 日干旱 64 天,受旱农田 205 万亩
1954 年	5 月起六次大水
	7 月 17 日,庵东西二遭龙卷风袭击
1956 年	5 月 7 日暴雨,农田受淹。7 月 8 日暴风雨,24 个乡镇受灾,房屋倒塌,人有伤亡
	8 月 1 日 24 时,5612 号强台风在象山门前涂登陆,海、江塘损毁严重,象山县南庄平原全部被淹,房毁人亡,损失惨重,称"八一大台风"
1957 年	余姚 5、7、8 月三次受旱,分别为 24 天、43 天和 41 天;受旱农田分别为 6.37 万亩、21 万亩和 8.92 万亩
	5 月 19 日起,干梅连夏旱,至 8 月 23 日始雨,连旱 96 天,受旱农田 228.47 万亩
1958 年	1 月 16 日,泗门、庵东地区遭大风袭击。240 多间民房严重损坏,29 人受伤

续表

年代	气象灾害记事
1959 年	9 月 4 日暴雨,农田近 30 万亩受淹,粮棉减产。9 月 10—12 日又降暴雨
1960 年	6 月 19 日,奉化莼湖九峰山水库上游遭遇强降水,水库大坝倒塌,冲毁土方 5 万 m³,死 2 人,冲毁农田 2000 亩
	9 月 10 日,台风影响又逢天文大潮,慈溪普降暴雨。农田受淹,局部海塘出险
1961 年	慈溪 6 月 15 日至 8 月 23 日,干旱 70 天,受旱农田 34.72 万亩,粮食减产。
	余姚 6 月 14 日至 9 月 6 日,干旱 83 天,受旱农田 25.03 万亩,粮食减产
	10 月 3—5 日,山区山洪暴发
1962 年	7 月 12 日,丈亭、陆埠龙卷风
	9 月 6214 号台风袭境,姚江流域受淹成灾农田 176.2 万亩,低田受淹十多天。倒塌、损坏房屋 7215 间,死 19 人,余姚城南城北一带地面积水深 1.5～2 m
1963 年	4 月春旱,自上年 11 月至本年 4 月无雨,连旱 140 余天,春种缺水
	7 月初至 9 月初干旱,姚江见底,河流干涸可行人
	9 月,受 6312 号台风袭击,受淹农田 164 万亩,倒塌、损毁房屋近 6000 间,死 34 人
1964 年	2 月,大雪,雨雪 19 天,积雪 14 cm
1965 年	龙卷风出现于桥头公社
1966 年	8 月 24 日暴雨,宁海斧头岩水库土坝漫顶,冲开缺口 16 m,冲毁土地 40 余亩、房屋 32 间
1967 年	6 月 7 日至 9 月 9 日干旱 94 天,受旱面积 244.5 万亩,其中 9.2 万亩晚稻基本无收,沿海地区人畜饮水发生困难
1968 年	6 月 8 日傍晚,余姚城北大风、冰雹
1971 年	6 月 23 日至 9 月中旬连旱 84 天,受旱农田 241.37 万亩,宁波市区自来水断源
	5—6 月慈溪三次大暴雨,21 万亩棉花受灾
1973 年	6 月 27 日下午,慈溪西北先遭龙卷风袭击,而后经东一、东二、四灶浦而逍林,又穿观城、五洞闸入海
	11 月 9 日至次年 1 月 13 日,余姚 66 天降水量 1.8 mm,冬旱
1974 年	8 月 19 日晚,7413 号台风在三门登陆,沿海出现罕见大潮,海塘坍塌、决口、脱坡严重,咸潮涌入,毁房屋 11815 间,死 104 人
1977 年	4 月 24 日、6 月 30 日、7 月 12 日慈溪庵东三次遭龙卷风、冰雹袭击
	8 月 21—23 日,暴雨,山洪暴发,农田受淹,房屋倒塌,水利、交通设施多处受损

续表

年代	气象灾害记事
1979 年	1 月 30—31 日,慈溪沿海连续大风、高潮袭击。新圈 13 km 海塘损坏
	7 月 9 日,庵东、长河等地遭龙卷风袭击
	8 月 22 日晚至 24 日,7910 号台风紧靠沿海北上,沿海风力 10～12 级,潮水进入宁波市区,海、江塘损毁严重,死 23 人,伤 55 人,倒塌房屋 11311 间
1980 年	6 月 23 日,余姚暴雨
	6 月 27 日,遭暴风雨袭击,阵风达 12 级,暴雨夹带冰雹,作物多被损
	7 月上旬,慈溪建塘等地遭龙卷风袭击
1981 年	8 月 31 日至 9 月 3 日,8114 号台风紧靠沿海北上,宁波、镇海、慈溪均录得新中国成立以来最高潮位,慈溪、镇海等沿海地区潮水过塘,全区海、江塘倒塌 173.48 km,死 17 人
	6 月 30 日,余姚暴雨,洪涝面积 12.13 万亩
1983 年	慈溪 5 月 27 日至 7 月 8 日的 53 天中,雨日 44 天,其中 3 次暴雨,12 万亩农田受淹
	9 月 16 日下午 3 时 42 分至 4 时 20 分,姚北沿海一带及慈溪遭龙卷风袭击
1984 年	6 月 13 日,暴雨,洪涝面积 30.53 万亩,其中 3.9 万亩基本无收,房屋倒塌 137 间,死亡 1 人,1.36 万人受灾
1985 年	慈溪、余姚暴雨,水利、交通设施受损,部分农田被淹
	7 月 13 日晚,临山、马渚、环城区的 9 个乡 41 个村遭龙卷风袭击
1986 年	6 月 22—23 日,慈溪普降暴雨,1 万多亩农田受淹
	9 月 8—13 日,受 8612 号台风影响,30 万亩农田受淹
1987 年	9 月 8 日,受 8712 号台风袭击,出现连续暴雨,奉化江、姚江水位猛涨,并受高潮位顶托,排涝时间延长,全市受淹农田 109.58 万亩,死 8 人
	6 月 19—21 日,余姚全市连将大雨,农田受淹 18.64 万亩
1988 年	受东风波系统影响,7 月 29 日深夜,宁海、奉化、鄞县、余姚等地发生罕见特大暴雨,暴雨强度为 160 年一遇。宁海的凫溪、黄坛溪、白溪三大溪流同时产生特大洪水,宁海、奉化、鄞县、余姚的 60 多个乡镇,1200 个村庄受灾,受灾人口 58 万,受淹农田 47.39 万亩,死 183 人,伤 416 人,全市直接经济损失 4.6 亿元
	8 月 7 日,受 8807 号台风袭击,风力 12 级以上,山洪暴发,拔树倒房,经济损失严重

续表

年代	气象灾害记事
1989 年	8 月 21—22 日,受海上热带低压云团和北方冷空气南下共同影响,姚江流域暴雨造成大面积内涝。余姚、慈溪、北仑、江北、镇海、鄞县被洪水包围村庄 80 个,受灾人口 87 万,转移安置灾民 1.24 万人,死 3 人,受淹农田 60 万亩,损毁房屋 1467 间,直接经济损失 1.37 亿元
	9 月 13 日受 8921 号台风影响,普降暴雨,江河水位猛涨,房屋、物资、道路、江塘受损
1990 年	8 月 31 日,9015 号台风在椒江登陆,宁波 172 个乡镇受灾,受灾人口 126 万,转移人口 3.4 万,损毁房屋 31480 间,死 9 人,受淹农田 69.7 万亩
1992 年	8 月 29 日,9216 号强热带风暴袭境,潮位为近 10 年最高,全市受灾人口 117.5 万,紧急转移 6.17 万人,倒塌房屋 8006 间,死 23 人,受淹农田 141.7 万亩,直接经济损失 5.95 亿元
	9 月 21 日,9219 号台风袭境,全市受灾人口 124.2 万,死 20 人,倒塌房屋 5679 间,受淹农田 118.6 万亩,直接经济损失 3.63 亿元
1997 年	8 月 18 日,受 9711 号台风袭击,出现天文高潮、台风增水、暴雨洪水"三碰头"。全市受灾人口 206.05 万,损毁房屋 22.49 万间,死 19 人,受淹农田 219.65 万亩,损坏江堤海塘 633.2 km,直接经济损失 45.43 亿元
2000 年	8 月 10 日,台风"杰拉华"在象山爵溪登陆,沿海大风造成增水,全市直接经济损失 3.31 亿元
	9 月 13—15 日,受台风"桑美"影响,全市直接经济损失 16.7 亿元

进入 21 世纪后,极端天气频发、灾害重,2003—2004 年的高温干旱、0414"云娜"、0509"麦莎"、0515"卡努"、0716"罗莎"、0908"莫拉克"、1211"海葵"、1323"菲特"、1509"灿鸿"等台风均给宁波带来巨大灾害。

如今,宁波的灾害天气种类多、频次高,几乎囊括了我国所有的灾害天气,主要灾害性天气有低温连阴雨、干旱、高温、台风、暴雨洪涝、冰雹、雷雨大风、霜冻、寒潮、大雾等。宁波的重大灾害性天气是指:大暴雨或区域性暴雨和连续暴雨、内陆平原地区 9 级以上大风、沿海海面 10 级以上大风、区域性的冰雹、有严重影响的台风和寒潮、大雪等。遇到灾害天气时,提前预警、早做防备、有效地组织防御是减少灾害损失的最有效办法,平时也应该经常进行防灾减灾科普教育,进行一些应急演练,以提高防灾减灾的意识和能力。

4.1 寒潮

寒潮指北方强冷空气像潮水般南下造成气温在短时间内急剧下降的现象。寒潮暴发常伴随大风,常对渔业和航行造成危险,还会折断树木、毁坏房屋、吹落果实;雨或雪和急剧降温容易导致出现冰冻天气,对蔬菜、大小麦、油菜等春花作物以及柑橘、茶叶等常绿木本植物的越冬都有很大威胁,还会冻死牛、鸡、鸭等家禽家畜,同时对交通运输造成危害;低温天气还会损害人们健康,出现冻伤和呼吸道、心血管病人增多。宁波寒潮主要发生在 11 月至次年 4 月,而以 1—3 月最多。1998 年 3 月 19—21 日出现的寒潮,市区 48 h 降温达 13.8℃,全市出现了大范围的降雪、雷暴、冻雨天气。2016 年 1 月 20 日至 23 日,受强冷空气影响,全市出现降雪,山区普降中到大雪,四明山区积雪深度 20～50 cm,奉化－8.3℃、鄞州－6.9℃破了近 30 年(1986 年)以来最低气温纪录,慈溪、余姚、镇海、北仑是近 30 年第 2 低。

寒潮预警信号包括 4 个等级,其含义及防御指南如表 4.2 所示。

表 4.2　寒潮预警信号

预警信号		含义	防御指南
寒潮	℃ 寒潮 蓝 COLD WAVE	48 h 内平均气温将要下降 10℃ 以上,最低气温小于等于 5℃;或者已经下降 10℃ 以上,最低气温小于等于 5℃,并可能持续	居民要留意大风降温的最新信息,注意添衣保暖;农林作物及水产养殖应采取一定的防寒和防风措施;做好防风准备工作
	℃ 寒潮 黄 COLD WAVE	24 h 内平均气温将要下降 10℃ 以上,最低气温小于等于 5℃;或者已经下降 10℃ 以上,最低气温小于等于 5℃,并可能持续	居民要留意大风降温的最新信息,随时添衣保暖,照顾好老、弱、病人,做好牲畜、家禽的防寒防风工作,对易受低温冻害的农林作物、养殖水产采取相应防御措施;做好防风工作
	℃ 寒潮 橙 COLD WAVE	24 h 内平均气温将要下降 12℃ 以上,最低气温小于等于 0℃;或者已经下降 12℃ 以上,最低气温小于等于 0℃,并可能持续	加强人员(尤其是老弱病人)的防寒保暖;做好牲畜、家禽的防寒防风工作,对易受低温冻害的农林作物、养殖水产采取相应防御措施;做好防风工作
	℃ 寒潮 红 COLD WAVE	24 h 内平均气温将要下降 14℃ 以上,最低气温小于等于 0℃;或者已经下降 14℃ 以上,最低气温小于等于 0℃,并可能持续	加强人员(尤其是老弱病人)的防寒保暖;做好牲畜、家禽的防寒防风工作,对易受低温冻害的农林作物、养殖水产采取相应防御措施;做好防风工作

4.2　大风

在陆地上,一段时间内(2 min 或 10 min)平均风速≥14 m/s(风力达到 7 级以上)或阵风风速≥17 m/s(风力达到 8 级以上)称大风。台风、冷空气影响和强对流天气发生时均可出现大风。大风可吹翻船只、拔起大树、吹落果实、折断电杆、倒房翻车,还能引起沿海的风暴潮,助长火灾等。8 级以上的大风对航运、高空作业等威胁很大。2012 年 4 月 3 日凌晨,受冷空气影响甬城狂风呼啸,风力最高达 12 级。2005年 9 月 11 日 14 时 50 分台风"卡努"在台州市路桥区金清镇登陆,登陆时中心气压945 hPa,近中心最大风力 12 级以上(50 m/s),10 级风圈半径 150 km,7 级风圈半径400 km,导致宁波市内陆各地出现了 9~11 级大风,沿海海面风力达 12 级以上,檀头山的极大风速达到 50.9 m/s(15 级)。

大风预警信号包括 3 个等级,其含义及防御指南如表 4.3 所示。

表 4.3　大风预警信号

预警信号		含义	防御指南
大风		24 h 内可能受大风影响,或者已经受大风影响,并可能持续:内陆平均风力 6 级以上或阵风 8 级以上;沿海平均风力 7 级以上或阵风 9 级以上。	注意高空等户外危险作业的安全,刮风时不要在广告牌、临时搭建物等下面逗留;相关水域水上作业和过往船舶采取应对措施,加固港口设施,防止船舶走锚、搁浅和碰撞;切断户外危险电源,妥善安置易受大风影响的室外物品。
		12 h 内可能受大风影响,或者已经受大风影响,并可能持续:内陆平均风力 8 级以上或阵风 10 级以上;沿海平均风力 9 级以上或阵风 11 级以上。	
		6 h 内可能受大风影响,或者已经受大风影响,并可能持续:内陆平均风力 9 级以上或阵风 11 级以上;沿海平均风力 10 级以上或阵风 12 级以上。	

4.3　暴雨

24 h 雨量超过 50 mm 为暴雨,超过 100 mm 为大暴雨,超过 250 mm 为特大暴雨,1 h 雨量超过 20 mm 则称为短时暴雨。暴雨是发生洪涝灾害最直接的原因,在山区暴雨还常引发泥石流、山体滑坡、崩塌等地质灾害。

宁波市暴雨年均为 2.8~5.0 天,各月均有可能出现暴雨,但梅汛期和台汛期是暴雨相对集中的时段,大暴雨和特大暴雨多出现在 6 月、8—10 月上旬。出现于 6 月梅期的暴雨占年总暴雨次数 26%,出现在 7—10 月上旬台汛期的暴雨占 60%。造成宁波暴雨的主要天气系统有台风、梅雨和强对流。台风暴雨强度强、持续时间长、受地形影响大,大暴雨或特大暴雨多为台风暴雨,易形成山洪、滑坡、泥石流、积涝等灾害。0716 号秋台风"罗莎"在浙闽交界处登陆,受台风和北方冷空气共同影响,全市平均面雨量达 232.9 mm,西部山区基本上在 300 mm 以上,最大宁海红泉水库达 518 mm。梅雨暴雨强度弱、持续时间长、范围大,可在数天内连续出现暴雨,易形成积涝、滑坡等灾害。强对流暴雨历时短、强度强、范围小、突发性强,易形成山洪、泥石流、低洼地积水等灾害。2000 年 8 月 11 日晚,受对流云团影响,象山等地普降大暴雨,5 h 最大降雨量达 121 mm。2011 年 8 月 25 日,受局地强降水云团影响,慈溪市东北部地区出现了短时大暴雨和特大暴雨,16 时至 21 时,有 5 个乡镇的降水量超过 160 mm,其中观海卫镇 311 mm、新浦镇 250 mm。此外,还有一类能产生暴雨的天气系统是东风波。东风波是从东面海上来的天气系统,往往发生在盛夏,类似于台风降雨,雨强大,但风不大。当降雨持续时间较长时,比如几个小时以上,往往会发生灾害,甚至灾难。1988 年 7 月 29 日夜里宁海突降特大暴雨,500 mm 以上暴雨中心位于马岙、里家坑、黄坛一带(图 4.2),造成凫溪、黄坛溪、白溪三大溪流同时山洪暴发,引发特大洪水,给宁海县造成惨重损失。

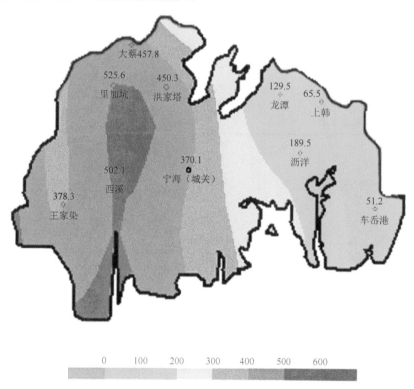

图 4.2　1988 年 7 月 29 日 16 时至 30 日 20 时宁海县雨量(mm)

暴雨预警信号包括 4 个等级,其含义及防御指南如表 4.4 所示。

表 4.4 暴雨预警信号

预警信号		含义	防御指南
暴雨	暴雨 蓝 RAIN STORM	12 h 内降雨量将达 50 mm 以上,或者已达 50 mm 以上且降雨可能持续	驾驶人员应当注意道路积水和交通阻塞,确保安全;检查排水系统,做好排涝准备
	暴雨 黄 RAIN STORM	6 h 内降雨量将达 50 mm 以上,或者已达 50 mm 以上且降雨可能持续	切断低注地带有危险的室外电源;危险地带人员和危房居民转移到安全场所避雨;检查排水系统,采取必要的排涝措施
	暴雨 橙 RAIN STORM	3 h 内降雨量将达 50 mm 以上,或者已达 50 mm 以上且降雨可能持续	切断有危险的室外电源;危险地带人员和危房居民转移到安全场所避雨;采取必要的排涝措施,注意防范可能引发的山洪、滑坡、泥石流等灾害
	暴雨 红 RAIN STORM	3 h 内降雨量将达 100 mm 以上,或者已达 100 mm 以上且降雨可能持续	切断有危险的室外电源;危险地带人员和危房居民转移到安全场所避雨;采取必要的排涝措施,注意防范可能引发的山洪、滑坡、泥石流等灾害

4.4 雷电

雷电是发生在大气层中的声、光、电物理现象,通常在雷雨云(积雨云)情况下出现,按其发生位置可分为云内闪电、云际闪电、云地闪电。其中云地闪电又称为地闪,会破坏建筑物、电气设备、伤害人畜,对人类的活动和生命安全有较大威胁。随着科技和经济的发展,办公自动化、信息网络等弱电子设备的大量普及应用,电子设备很容易因雷击受到成片的损坏,而建筑物遭雷击的几率也随着高大建筑物的日益增多而增加。可见,现代社会受雷击的风险逐渐增大,所遭受的损失也日趋严重。

宁波全年各月都有可能出现雷电,但 3—9 月比较容易发生。雷电出现最多的是 7、8 月,平均 8.7 次/月和 8.1 次/月;10 月至次年 2 月极少出现,平均每月都不足 1 次。宁波全市平均年雷暴日为 35.5 天,其中宁海(43.7 天)雷暴日数最多,北仑(29.8 天)最少。一天中雷电多发时段是 12—19 时,以 17—18 时频率最高。

2003 年 7 月 10 日 16 时许,奉化出现雷暴天气,有 5 人遭遇雷击,其中 3 人身亡,两人昏迷。2006 年 9 月 1 日,余姚临山镇和黄家埠镇遭雷击,多处房屋屋顶被击坏,击毁电视机 39 台、电脑 5 台、空调 1 台及一些网络设备。2007 年 6 月 29 日,市区七塔寺被响雷劈掉圆通宝殿左边的龙头装饰石块及屋檐一角的柱子等。

　　如遇雷电天气,应躲入有防雷设施保护的建筑物内并关好门窗,不要在建筑物顶部停留,不要靠近防雷装置的任何部分,不要到楼顶上看下雨或玩耍,不要进入孤立的棚屋、岗亭等。在室内,应尽量减少使用电器,拔掉重要电器的插头,切断电源,切忌在雷雨时使用电吹风、电动剃须刀、电淋浴器等家用电器。在户外,不宜在水面、水边、孤立的大树或烟囱下停留,也不宜撑铁柄伞,更不能把金属工具扛在肩上,不要使用移动电话等通信工具。如万不得已,则须与树干保持 3 m 距离,下蹲并双腿靠拢。当在户外看见闪电几秒钟内就听见雷声时,说明正处在靠近雷暴的危险环境,此时应停止行走,两脚并拢并立即下蹲,不要与人拉在一起或多人挤在一起,最好使用塑料雨具、雨衣等。还需注意,雷电交加时,头、颈、手有蚂蚁爬走感、头发竖起时,说明将发生雷击,应赶紧趴在地上,并丢弃身上佩戴的金属饰品,如发卡、项链等,这样可以减少遭雷击的危险。图 4.3 为发生在宁波三江口的雷电。

图 4.3　发生在宁波三江口的雷电(网友所摄)

雷电预警信号包括 3 个等级,其含义及防御指南如表 4.5 所示。

表 4.5　雷电预警信号

预警信号		含义	防御指南
雷电	黄 LIGHTNING 雷电	6 h 内可能发生雷电活动及出现阵风 8 级以上的雷雨大风,可能会造成雷电灾害事故	密切关注天气,尽量避免户外活动
	橙 LIGHTNING 雷电	2 h 内发生雷电活动的可能性很大,或者已经受雷电活动影响及出现阵风 10 级以上的雷雨大风,且可能持续,出现雷电灾害事故的可能性比较大	人员应当留在室内,并关好门窗;户外人员应当躲入有防雷设施的建筑物或者汽车内,切断危险电源,不要在树下、电杆下、塔吊下避雨;在空旷场地不要打伞,不要使用手机,不要把金属杆物扛在肩上
	红 LIGHTNING 雷电	2 h 内发生雷电活动的可能性非常大,或者已经有强烈的雷电活动发生及出现阵风 12 级以上的雷雨大风,且可能持续,出现雷电灾害事故的可能性非常大	人员应当躲入有防雷设施的建筑物或者汽车内,并关好门窗;不要在树下、电杆下、塔吊下避雨,切勿接触天线、水管、铁丝网、金属门窗、建筑物外墙,远离电线等带电设备和其他类似金属装置;不要使用无防雷装置或者防雷装置不完备的电视、电话等电器;在空旷场地不要打伞,不要使用手机,不要把金属杆物扛在肩上

4.5　台风

4.5.1　台风概况

台风是发生在热带海洋上的强大而深厚的具有暖中心结构的气旋性涡旋,是夏秋季节影响我国沿海地区的主要天气系统之一。台风威力巨大,一个成熟的台风,在一天内所降下的雨大约有二百亿 t,由于水汽凝结所放出的热能相当于几十颗广岛原子弹释放的能量。由于台风发生的地区和强度不同,人们给予了不同的名称。在东太平洋和大西洋上的称飓风(如美国),在印度洋上的称热带风暴,在南半球洋面上的称热带气旋,在西北太平洋和我国南海的称台风。宁波处于东海之滨,也是常受台风袭击的地区之一。台风所带来的狂风暴雨常造成严重灾害,同时台风降水往往又能缓和高温酷暑、解除一些地区的旱情,可以说是有利有弊。

　　太阳辐射使海面升温并产生大量水汽,当海面温度达到 26～28℃ 时,低层空气开始往上抬升,高层大气发生扰动,上升海域外围的空气源源不断地流入上升区,又因地球自转的关系,使流入的空气像车轮一样旋转起来,就形成了台风。台风形成有四个基本条件:①适宜的海表温度,海表温度在 26～28℃ 时最适合台风暖心结构的发展;②初始扰动,就像一个弹簧振子,不给它一个扰动它是不会振动的;③一定的地转偏向力,地转偏向力使扰动发展成气旋式旋转,在赤道地转偏向力为零,扰动不能发展为旋转的,也就没有台风形成;④风的垂直切变小,在竖直方向上,风速应该相当,上下风速差异大时,下层的热量刚聚集,就被上层的风吹走了,不利于形成暖心和台风能量的聚集。

　　一般按台风近中心最大风力进行分级,可分为以下六级:热带低压:近中心最大风力 6～7 级(风速 10.8～17.1 m/s);热带风暴:近中心最大风力 8～9 级(风速 17.2～24.4 m/s);强热带风暴:近中心最大风力 10～11 级(风速 24.5～32.6 m/s);台风:近中心最大风力 12～13 级(风速 32.7～41.4 m/s);强台风:近中心最大风力 14～15 级(风速 41.5～50.9 m/s);超强台风:近中心最大风力 16 级或以上(风速 51.0 m/s 或以上)。

　　为便于对外发布和记载,当热带气旋达到热带风暴强度并进入预报责任区时,按其出现的年代及先后顺序进行编号,如 9711 号台风,就是 1997 年第 11 个进入我国责任区的台风。自 2000 年起,世界气象组织台风委员会商定,凡进入赤道以北、日界线以西的西北太平洋和南海的热带气旋,由亚太地区 14 个国家或地区统一编号。中国、日本、朝鲜、韩国、菲律宾、越南、泰国、马来西亚、香港(中国)、澳门(中国)、柬埔寨、老挝、克罗尼西亚、美国 14 个国家或地区各提供 10 个名称,共有 140 个,按序排列,轮流应用。对造成严重影响的台风,名单表中将永久除名,用新名字代替,如"0414 云娜""0608 桑美""1323 菲特"等就被永久除名。

　　台风内低空风场的水平结构可以分为以下三个部分(图 4.4):台风大风区亦称台风外圈,范围从台风外圈向内到最大风速区外缘,其直径一般为 400～600 km,有的可达 8～10 个纬距,外围风力可达几十米每秒,向内则风速急增;台风旋涡区亦称台风中圈,是围绕台风眼分布着的一条最大风速带,宽度平均为 10～20 km。它与环绕台风眼的云墙重合,台风中最强烈的对流、降水都出现在这个区域里,是台风破坏力最猛烈、最集中的区域。不过最大风速的分布在各象限并不对称,一般在台风前进方向的右前方风力最为强大;台风眼区亦称台风内圈,此圈内风速迅速减小或静风,其直径一般为 10～60 km,大多呈圆形,也有呈椭圆形的,大小和形状常多变。

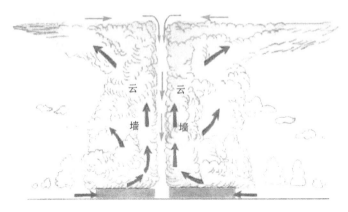

图 4.4   台风云层示意图

4.5.2   诡异路径的台风

有些台风的路径比较诡异,这些台风在行进中会出现打转、突然转向等现象。导致台风出现诡异路径的一大原因是台湾岛的地形作用,当台风经过台湾岛附近时往往会出现打转的现象,如 0505 号"海棠"(图 4.5)、0716 号"罗莎"和 0908 号"莫拉克"(图 4.6)等。

导致台风出现诡异路径的另一大原因是大气环流的突然调整,副高的突然西进或东退、冷空气南下等,往往导致台风突然转向,如 6312 号、7413 号、9806 号、9813 号、0014 号"桑美"和 0813 号"森拉克"等(图 4.7)。

还有一类原因为双台风或多台风。双台风一般是指同时出现的两个达到热带风暴或以上强度的热带气旋,它们的中心间距不大于 20 个纬距,相互之间发生影响的情况。这种影响和作用很难定量表达,只有一些定性、经验的统计结果。一般而言,双台风之间的相互作用包括大吞小、小跟大、互斥、拉伸等。2012 年"苏拉"和主要影响我国华东北部地区的"达维"形成了双台风作用(图 4.8),"天秤"和"布拉万"(图 4.9)又是双台风,短短一个月内先后两次出现双台风非常罕见。

另外,有的台风路径极其少见(图 4.10),如 7707 号台风沿东南海岸线穿过台湾海峡向东北方向移动,1416 号台风"凤凰"登陆菲律宾 1 次、台湾岛 2 次、宁波和上海各 1 次,总共登陆 5 次,特别是在我国登陆达 4 次之多,比较罕见,堪称台风"登陆王"。

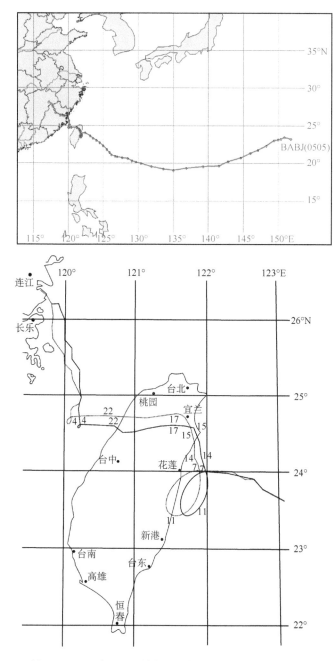

图 4.5　2005 年 0505 号"海棠"的路径受台湾岛地形影响

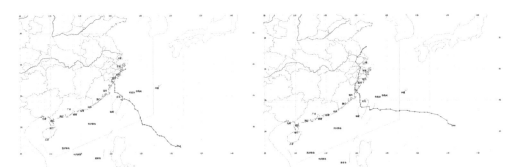

图 4.6 2007 年 0716 号"罗莎"(左)和 2009 年 0908 号"莫拉克"(右)路径图

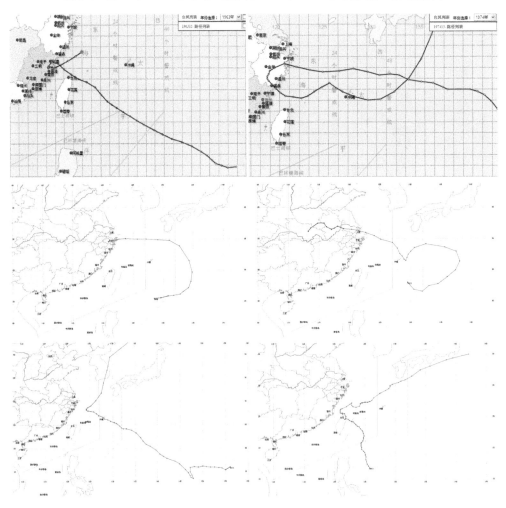

图 4.7 6312 号(左上)、7413 号(右上)、9806 号(左中)、9813 号(右中)、0014 号"桑美"(左下)和 0813 号"森拉克"(右下)路径图(注:台风编号的前两位数字代表年份)

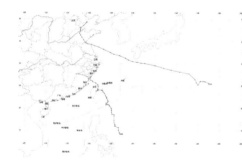

图 4.8　台风"苏拉"和"达维"的移动路径(左)和卫星云图(右)

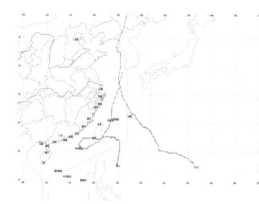

图 4.9　台风"天秤"和"布拉万"的移动路径(左)和卫星云图(右)

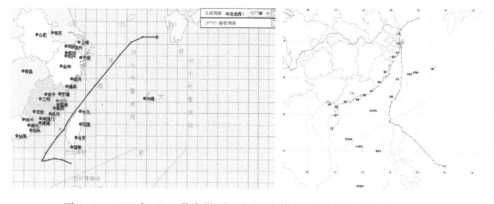

图 4.10　1977 年 7707 号台风(左)和 2014 年 1416 号台风"凤凰"(右)路径图

4.5.3 影响宁波的台风

影响宁波台风的路径可分为 6 类(图 4.11):①登陆浙江(18.2%);②在厦门以北福建沿海登陆(37.2%);③厦门到珠江口登陆(10.7%);④浙沪边界以北登陆(3.3%);⑤在 125°E 以西、25°N 以北紧靠浙江省沿海转向(24%);⑥在 125°E 至 128°E 转向北上(6.6%)。

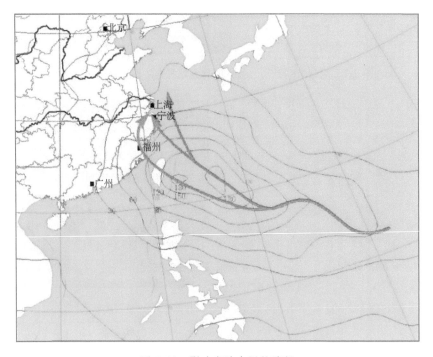

图 4.11　影响宁波台风的路径

严重影响宁波台风的路径主要有 3 类,在其他条件如台风强度、大气环流形势、冷空气等俱佳时,可能产生如下严重情况:①登陆浙江:全市过程雨量在 200~400 mm,其中四明山脉和天台山脉及其东部余脉迎风坡在 400~600 mm,沿海海面最大风力可达 15 级或以上,沿海地区可达 13 级或以上,内陆可达 9 级或以上;②浙闽边界到厦门之间登陆:全市过程雨量在 200~300 mm,其中天台山脉及其东部余脉迎风坡在 300~500 mm,沿海海面最大风力可达 14 级或以上,沿海地区可达 11 级或以上,内陆可达 8 级;③紧擦宁波市沿海(125°E 以西)北上:全市过程雨量在 100~250 mm,其中四明山脉和天台山及其东部余脉迎风坡在 300 mm 或以上,沿海海面最大风力可达 15 级或以上,沿海地区可达 13 级或以上,内陆可达 9 级,风力由东向西递减。

宁波平均每年影响台风有 2~4 个,基本上每两年有 1 个重大影响的台风。每年的 5—11 月均可受台风影响,但主要影响时段是 7—9 月(占 87.6%)。受台风影响时,大风一般可持续 1~2 天,降水一般持续 3 天左右。

1956 年以来的 60 年中,在宁波市范围内登陆的台风有 8 次(5612、9806、7805、8807、8909、0008、1211、1416),如表 4.6 所示。影响宁波最早的台风是 2006 年 1 号台风"珍珠",为 5 月中旬;影响宁波最晚的台风是 2004 年 28 号台风"南玛都",为 12 月上旬。

表 4.6　60 年来宁波地区登陆的 8 次大台风

编号	名称	登陆地点	登陆最大风速(m/s)	登陆气压(hPa)	登陆时间	最大过程雨量(mm)
5612	万达	象山南庄(门前涂)	65.0	923	1956 年 8 月 1 日 24:00	余姚四明山 516.5
7805	Trix	宁海—三门交界	45.8	992	1978 年 7 月 23 日 08:00	宁海榧坑 148.0
8807	比尔	象山林海乡	37.0	970	1988 年 8 月 7 日 23:00	象山 111.7
8909	贺贝	象山—三门交界	41.0	975	1989 年 7 月 21 日 02:00	宁海上寒 302.0
9806	托德	舟山普陀—北仑崎头	34.4	990	1998 年 9 月 20 日 02:00	奉化 121.5
0008	杰拉华	象山爵溪镇	35.0	970	2000 年 8 月 10 日 20:00	象山 158.7
1211	海葵	象山鹤浦镇	42.0	965	2012 年 8 月 8 日 03:20	宁海胡陈 540.0
1416	凤凰	象山鹤浦镇	28.0	985	2014 年 9 月 22 日 19:35	象山外高泥 331.0

60 年来 168 个影响台风中,造成不同程度损失的有 53 次,成灾率为 31.5%,损失比较严重的有 41 次,分别是 5612、6126、6214、6312、7413、7707、7910、8114、8615、8707、8712、8807、8909、8921、8923、9015、9216、9219、9417、9711、9806、0008"杰拉华"、0012"派比安"、0014"桑美"、0102"飞燕"、0119"利马奇"、0205"威马逊"、0216"森拉克"、0414"云娜"、0421"海马"、0505"海棠"、0509"麦莎"、0515"卡努"、0713"韦帕"、0716"罗莎"、0815"蔷薇"、0908"莫拉克"、1211"海葵"、1323"菲特"、1416"凤凰"、1509"灿鸿"以及 1521"杜鹃"。

①八一大台风(图 4.12):1956 年 8 月 1 日 24 时,5612 号强台风在象山南庄登陆,最大风速 60~65 m/s,日雨量大于 200 mm 有 1 万多平方千米。狂风挟暴雨波及全市,象山尤甚。海潮急涨,倒塘堤,潮水涌入,老市区街道没过腰,三江口停泊船只漂流上江北岸外马路。交通阻隔,电厂受损停电,电话大部中断,象山南庄纵横 5 km 之内一片汪洋。

②9711 号台风"温妮"于 8 月 18 日 21 时 30 分在浙江温岭登陆后北上经天目山区进入安徽境内。这次台风强度强、范围大,又正值农历七月半的天文大潮汛,造成"风、雨、潮"三碰头。宁波内陆地区普遍出现 9~11 级大风,沿海海面出现 12 级以上大风,象山 8 级大风维持 77 h,持续时间之长为历史罕见。全市平均降水量

183.2 mm,宁海在 300 mm 以上。

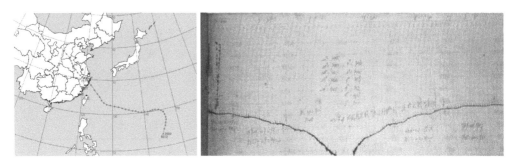

图 4.12　八一大台风的移动路径(左)和石浦气象站 1956 年 8 月 1—2 日气压自记迹线(右)

③0414 号台风"云娜"(图 4.13)强度强、影响范围大,受影响地区风力大、短时雨强强。"云娜"登陆浙江省温岭市石塘镇时中心气压 950 hPa,近中心最大风速 58.7 m/s(大陈),10 级风圈半径 180 km,7 级风圈半径 500 km。受"云娜"影响,石浦气象站测得极大风速 41.9 m/s,12 级大风持续 10 h,10 级大风持续 20 h,8 级大风持续43 h。最大过程面雨量出现在宁海(175 mm),宁海王家染自动站最大雨量 317 mm。

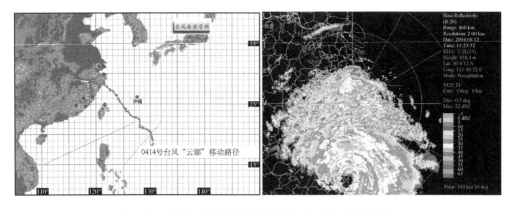

图 4.13　台风"云娜"的移动路径(左)和雷达回波图(右)

④受 0509 号台风"麦莎"(图 4.14)影响,宁波出现了特大暴雨,北仑、象山等地过程雨量达 300～500 mm,最大北仑柴桥镇 658.5 mm,该地仅 8 月 6 日 8 时至 7 日8 时的一日雨量就有 589 mm(水文),破历史最大日雨量纪录。

⑤0515 号台风"卡努"(图 4.15)影响时,宁波内陆出现了 9～11 级大风,沿海海面风力超过 12 级。过程面雨量最大是象山 316 mm,单站最大雨量北仑新碶509.2 mm。

⑥2006 年 8 月 10 日,百年一遇超强台风"桑美"(图 4.16)登陆浙江苍南县,登陆时近中心最大风力 17 级,苍南霞关实测最大风力 68.0 m/s。"桑美"是新中国成立以来登陆我国大陆最强的台风,给温州带来重创,但对宁波影响不严重。

图 4.14 台风"麦莎"的移动路径(左)、卫星云图(中)和雷达回波图(右)

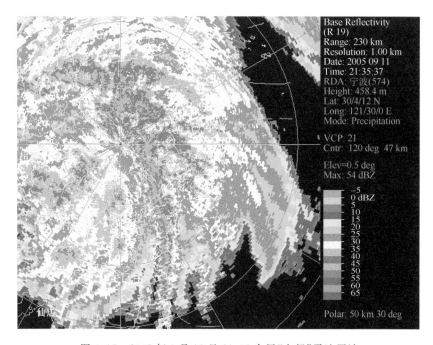

图 4.15 2005 年 9 月 11 日 21:35 台风"卡努"雷达回波

⑦0716 号台风"罗莎"(图 4.17)是新中国成立以来登陆浙江最晚的台风,其路径怪异,期间与冷空气结合给宁波带来强降水和持续大风。全市过程雨量普遍在200～300 mm,西部山区基本上在 300 mm 以上,其中有 4 个站雨量超过 400 mm,最大宁海红泉水库 518 mm。宁波沿海海面出现了 10～12 级大风,沿海和内陆地区分别出现了 8～10 级和 6～8 级大风。

图 4.16　2006 年 8 月 10 日台风"桑美"登陆时的卫星云图

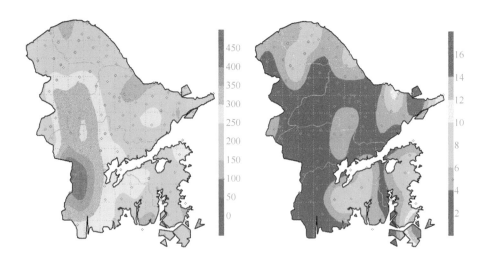

图 4.17　台风"罗莎"过程雨量(左,单位:mm)和极大风速(右,单位:m/s)

⑧0908号台风"莫拉克"(图4.18)影响期间,强降水主要分布在西部山区及象山港以南地区,雨量普遍在300 mm以上,全市过程面雨量前三位分别是宁海343 mm、奉化301 mm、象山226 mm,最大测站为奉化大堰536.6 mm。

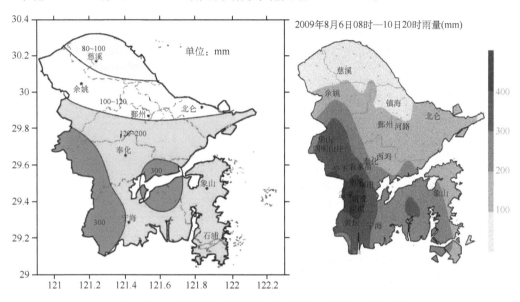

图4.18　台风"莫拉克"预报雨量(左)和实况雨量(右)对比

⑨1211号台风"海葵"(图4.19、4.20、4.21和4.22)正面袭击宁波,全市平均面雨量达238 mm,成为继5612号"八一大台风"之后影响宁波最严重的台风。

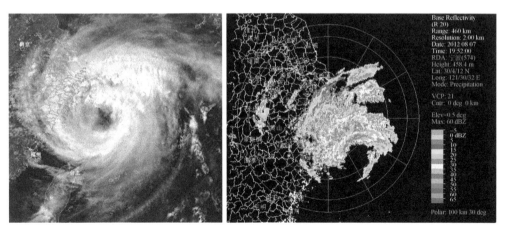

图4.19　台风"海葵"登陆前的卫星云图(左)和雷达回波图(右)

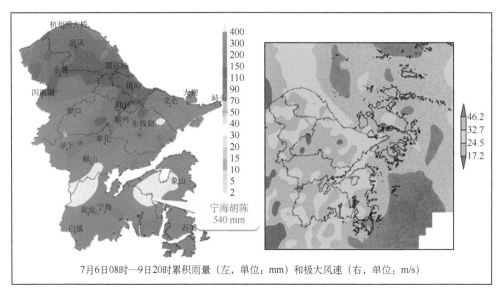

7月6日08时—9日20时累积雨量（左，单位：mm）和极大风速（右，单位：m/s）

图4.20　台风"海葵"风雨实况

图4.21　宁波气象工作者"追风"情景（"海葵"登陆前20 min，2012年）

图4.22　摩天轮被"海葵"吹垮

⑩1323 号台风"菲特"(图 4.23)结合"丹娜丝"和冷空气,全市平均过程雨量达363.7 mm,最大余姚平均 435 mm,单站最大余姚梁辉 694.8 mm。"菲特"降雨强度之大、影响范围之广、损失之大列新中国成立以来第二位。

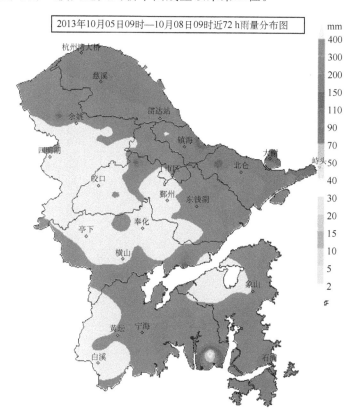

图 4.23　台风"菲特"过程雨量(mm)

⑪1416 号台风"凤凰"(图 4.24)正面登陆宁波象山鹤浦镇,全市普遍出现强降雨和持续大风,平均过程雨量 136.5 mm,有 172 个站大于 100 mm,最大降水出现在象山外高泥 331 mm;沿海海面普遍出现 10～12 级大风,最大象山南韭山 12 级(35.3 m/s)。

⑫1509 号台风"灿鸿"(图 4.25)虽然没有在宁波登陆,但其紧擦宁波北上转向,受密闭云区长时间的覆盖,造成的风雨影响强度强,过程雨量和大风强度都与登陆宁波象山造成严重影响的台风"海葵"相似。

⑬受 1521 号台风"杜鹃"(图 4.26)和强对流系统共同影响,全市普降暴雨到大暴雨、局部特大暴雨,全市平均面雨量 195.9 mm,最大宁海岭口 409 mm;宁波市沿海海面出现 8～10 级大风,最大普陀梁横山岛 10 级(25.3 m/s),杭州湾风力达 8～9级,江河湖面 6～8 级。

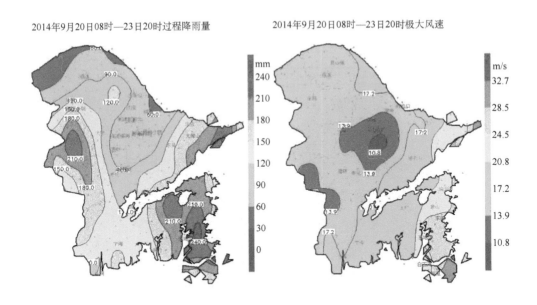

图 4.24　台风"凤凰"过程雨量（左）和极大风速（右）

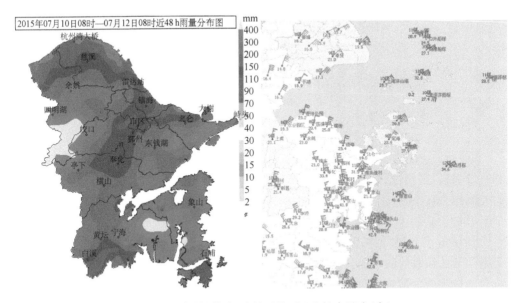

图 4.25　台风"灿鸿"过程雨量（左）和极大风速（右）

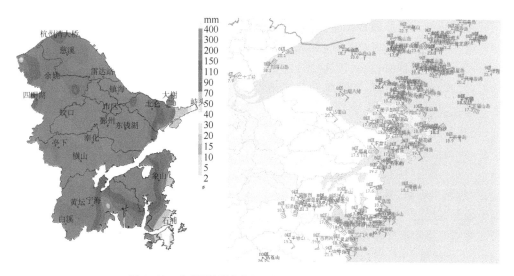

图 4.26　台风"杜鹃"过程雨量(左)和极大风速(右)

4.5.4　防御台风的方法

台风破坏力主要是狂风、暴雨和风暴潮,三者并发(三碰头)则使灾害特别严重。大风强度主要取决于台风本身强度、离台风中心的距离及周边天气系统(如冷空气),一般沿海、江、湾、湖、港的风力明显大于内陆。暴雨可引发小流域洪灾、滑坡、泥石流、城市积涝等次生灾害,特别是山区暴雨,往往成倍于平原,易诱发山洪地质灾害。因台风大风和气压骤降引起的海(江)面升高现象,又称台风增水。这是影响宁波市的主要风暴潮(图 4.27)。若强台风登陆时诱发的风暴潮恰遇天文大潮,两者叠加,常引起异常高潮,甚至海啸。

图 4.27　台风风暴潮

有效防御台风需做好以下三个方面。

首先,需防台风大风致灾。强风可能吹倒建筑物、高空设施及树木等,极易造成人员伤亡。各类危旧住房、厂房、市政公用设施(拱门、路灯等)、广告牌、游乐设施,在建工程、临时建筑(工棚、围墙等)、各类吊机、施工电梯、脚手架、电线杆、铁塔、行道树木等常在强风中倒塌,造成压死、压伤。因此,在台风来临前,要及时转移到安全地带,避开上述容易造成伤亡的地点,更千万不要在上述地方躲雨。强风也会吹落高空物品,容易造成砸死、砸伤事故。阳台及屋顶上的花盆、太阳能热水器、屋顶杂物、空调室外机、雨篷,还有在建工地高处的零星建材、工具等容易被风吹落造成伤亡。因此,在台风来临前,要及时固定花盆等物品,建筑企业要整理堆放好建筑材料、工具及零星物品,以确保安全。同时,强风在某些情况下也容易造成人员伤亡。如:门窗玻璃、幕墙玻璃等被吹落打碎,飞溅伤人;行人在路上、桥上、水边被吹倒或吹落水中,摔伤或溺水;电线被风吹断,使行人触电伤亡;江(河、湖、海)面船只被风浪掀翻沉没;公路上行驶的车辆,特别是高速公路上的车辆被吹翻造成伤亡等。因此,在台风来临前,要及时在安全的地方避风躲雨,尽量避免在紧靠江(河、湖、海)的路堤和桥上行走,船只必须及时回港避风、固锚,船上的人员应上岸避风,车辆应尽量避免在强风影响区域行驶。

其次,应防台风暴雨致洪。台风暴雨强度大,极易引发洪水,导致村庄、房屋、船只、桥梁、游乐设施等受淹甚至被冲毁,造成生命财产损失,山区旅游者及驴友尤要注意。因此,容易发生洪灾的地方要加强自我防范,人员及时转移到安全地带。强降水有可能造成水利工程失事,如一旦发生险情,可能受影响范围内的群众必须听从当地政府和防汛、水利部门的指挥,迅速及时撤离避险。暴雨容易引发山体滑坡、泥石流等地质灾害,造成群死群伤事件。因此,山地灾害易发地区和已经发生高强度暴雨的山区必须做好监测预警工作,当地居民更要提高警惕,一旦发生山体滑坡、泥石流等地质灾害征兆即迅速报告当地政府和有关部门,迅速安排撤离避险。

最后,还要防台风风暴潮。风暴潮堪称台灾之首,在中外重大台灾史上曾扮演过最恐怖的角色!风暴潮容易冲毁海塘堤防、涵闸、码头、护岸等设施,甚至可能长驱直入吞噬农田和村庄,造成重大伤亡。因此,在可能造成潮灾的台风到来之前,沿海地区从事滩涂养殖的人员和处于危险堤塘内外的群众以及海滨旅游者必须及时撤离避险。

个人防御台风也需做好以下几件事。在台风来临前,要明白自己所处地是否是台风要袭击的危险区域,并了解安全逃离的路径以及政府提供的避难场所,如有需要应提前备好充足且不易腐败的食品和水。当气象台发布台风黄色预警信号时,应及时关注气象信息,了解最新的台风动态;保养好家用交通工具,并加足燃料以备紧急转移;检查并加固活动性房屋,准备关好门窗;检查电池以及储备罐装食品、饮用水和药品;在手头准备一定数量的现金;如果你居住在海岸线附近、高地(如小山上)、易被洪水或泥石流冲击的山坡上,或者移动性、简易性房屋里,那么你得时刻准备着撤离该地。当气象台发布台风橙色或红色预警信号时,应听从当地政府部门的安排,如果需要离开住所,要尽快离开,并且尽量和朋友、家人在一起,转移到地势比较高的坚固房子,或到事先指定的地区;无论如何都要离开移动性房屋、危房、简易棚、铁皮屋,也不能靠在围墙旁避风,以免围墙被台风刮倒引致人员伤亡;同时,把你的撤离计划通知邻居和在警报区以外的家人或亲戚;另外,千万别为赶时间而冒险蹚过湍急的河沟。需要警惕的是,台风中心经过的地区往往在受强烈的偏北或偏东风以及大暴雨袭击之后,会出现一片风平浪静、云开雨停甚至蓝天星月之"迷"人景象,这实际上是处在"台风眼"区,千万不要被这种暂时现象所迷惑而放松防御! 当"台风眼"过去之后,风向将会猛转 180°,变成偏南或者偏西风,并且会很快达到甚至超过原先的强度! 当台风预警信号解除后,要继续关注气象信息,当撤离的地区被宣布为安全时,你才可以返回该地区;如果你遇到路障或者是被洪水淹没的道路要切记绕道而行,避免走不坚固的桥,不要开车进入洪水暴发区域,应留在地面坚固的地方;还要注意那些静止的水域很有可能因地下电缆裸露或者是垂落下来的电线而带有致命的电力;在家中,要仔细检查煤气、水以及电线线路的安全性,在你不能确定自来水是否被污染之前,不要喝自来水或者用它做饭;要避免在房间内使用蜡烛或者有火焰的燃具。

台风预警信号包括 4 个等级,其含义及防御指南如表 4.7 所示。

表 4.7　台风预警信号

预警信号		含义	防御指南
台风	蓝 TYPHOON	24 h 内可能或者已经受热带气旋影响,并可能持续,风力达到以下标准:内陆平均风力 6 级以上或阵风 8 级以上;沿海平均风力 7 级以上或阵风 9 级以上。	注意媒体报道的热带气旋最新消息和防风通知;相关水域水上作业和过往船舶采取相应的防御措施;固紧门窗、围板、棚架、户外广告牌、临时搭建物等易被风吹动的搭建物,妥善安置易受热带气旋影响的室外物品。
	黄 TYPHOON	24 h 内可能或者已经受热带气旋影响,并可能持续,风力达到以下标准:内陆平均风力 8 级以上或阵风 10 级以上;沿海平均风力 9 级以上或阵风 11 级以上。	相关水域水上作业和过往船舶采取相应的防御措施,加固港口设施,防止船舶走锚、搁浅和碰撞;处于危险地带的居民应到避风场所避风;关紧门窗,加固或者拆除易被风吹动的搭建物,人员切勿随意外出,确保老人小孩留在家中最安全的地方。
	橙 TYPHOON	12 h 内可能或者已经受热带气旋影响,并可能持续,风力达到以下标准:内陆平均风力 9 级以上或阵风 11 级以上;沿海平均风力 10 级以上或阵风 12 级以上。	相关水域水上作业和过往船舶应回港避风,加固港口设施,防止船舶走锚、搁浅和碰撞;加固或者拆除易被风吹动的搭建物,人员应当尽可能待在防风安全的地方,当台风中心经过时风力会减小或者静止一段时间,切记强风将会突然吹袭,应当继续留在安全处避风;相关地区应当注意防范强降水可能引发的山洪、地质灾害。
	红 TYPHOON	6 h 内可能或者已经受热带气旋影响,并可能持续,风力达到以下标准:内陆平均风力 10 级以上或阵风 12 级以上;沿海平均风力 12 级以上或阵风 14 级以上。	相关水域水上作业和过往船舶应回港避风,加固港口设施,防止船舶走锚、搁浅和碰撞;加固或者拆除易被风吹动的搭建物,人员应当尽可能待在防风安全的地方,当台风中心经过时风力会减小或者静止一段时间,切记强风将会突然吹袭,应当继续留在安全处避风;相关地区应当注意防范强降水可能引发的山洪、地质灾害。

4.6 冰雹

冰雹是在强对流云中生成的坚硬球状、锥状或形状不规则的固态降水,常伴随雷暴出现。其形状多种多样,有球形、椭球形、锥形、扁圆形和无规则的形状等,其中最常见的是圆球、圆锥和椭球三种。冰雹多发生于春季和夏季,其生命史短、局地性强、预报难度大、预警时效短、防范难度大,常对农作物、人畜、房屋建筑等造成损害,是主要的自然灾害之一。

1997 年 5 月 13 日 16:15 宁海城关雷雨交加,西店、前童、强蛟、水车等乡镇遭冰雹袭击,持续时间约 20 min,较严重的西店毛洋村低洼处冰雹积地厚达 12 cm。1998年 4 月 5 日,余姚、慈溪、镇海等不少地方出现了雷雨大风和冰雹,历时 5~25 min,受灾最严重的是慈溪掌起一带,冰雹普遍有乒乓球大小,大的如拳头,该镇上宅村绝大多数民房上的瓦片被打得粉碎。2010 年 5 月 2 日下午,鄞州、奉化、宁海局部地区出现冰雹,冰雹最大的比鸡蛋还大。

在冰雹云中强烈的上升气流携带着许多大大小小的水滴和冰晶运动着,其中有一些水滴和冰晶并合冻结成较大的冰粒,这些粒子和过冷水滴被上升气流输送到含水量累积区,就可以成为冰雹核心,这些冰雹初始生长的核心在含水量累积区有着良好的生长条件。雹核在上升气流携带下进入生长区后,在水量多、温度不太低的区域与过冷水滴碰并,长成一层透明的冰层,再向上进入水量较少的低温区,这里主要由

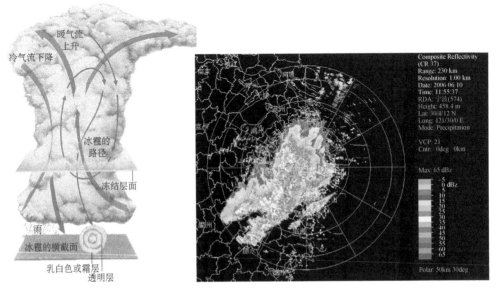

图 4.28　冰雹天气模型(左)和 2006 年 6 月 10 日强对流天气雷达回波图(右)

冰晶、雪花和少量过冷水滴组成,雹核与它们黏并冻结就形成一个不透明的冰层。这时冰雹已长大,而那里的上升气流较弱,当它支托不住增长大了的冰雹时,冰雹便在上升气流里下落,在下落中不断地并合冰晶、雪花和水滴而继续生长。这时如果落到另一股更强的上升气流区,那么冰雹又将再次上升,重复上述的生长过程,这样冰雹就一层透明一层不透明地增长。由于各次生长的时间、含水量等条件的差异,所以各层厚薄及其特点也各有不同。最后,当上升气流支撑不住冰雹时,它就从云中落了下来,成为我们所看到的冰雹了(图 4.28)。

冰雹预警信号包括 2 个等级,其含义及防御指南如表 4.8 所示。

表 4.8　冰雹预警信号

预警信号		含义	防御指南
冰雹		6 h 内可能出现冰雹天气,并可能造成雹灾	户外行人立即到安全的地方暂避;妥善安置、保护易受冰雹袭击的室外物品或设备;注意防御冰雹天气伴随的雷电灾害
		2 h 内出现冰雹可能性极大,并可能造成重雹灾	

4.7　高温

根据环境温度与生物的一般规律,气象上将日最高气温≥35℃谓之高温,连续3 天或以上日最高气温≥35℃称为持续高温。高温可使劳动效率降低,增加工作失误,引起中暑等。高温对农作物、牲畜等同样影响很大,在夏季水稻进入拔节期、穗分化期、孕穗期以及抽穗扬花期,遭遇持续高温会造成大幅减产。持续高温事件也往往与干旱相伴,严重威胁人们的生产生活与健康,以及电力资源、水资源和粮食安全等。

宁波的高温集中出现在梅雨结束后的 7、8 两个月,2000 年后高温日数有增多的趋势,市区平均年高温日数为 22.4 天,极端高温天气时有发生,最高气温屡破纪录(图 4.29)。2003 年,高温从 6 月 30 日开始,直至 9 月 8 日才结束,其中超过 35℃的高温日数达 46 天。

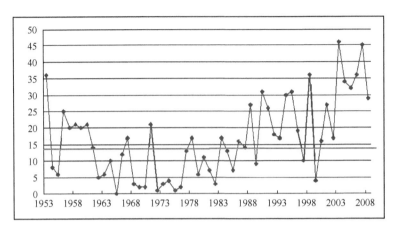

图 4.29　宁波市市区年高温日数(天)

高温预警信号包括 2 个等级,其含义及防御指南如表 4.9 所示。

表 4.9　高温预警信号

预警信号		含义	防御指南
高温	高温橙 HEAT WAVE ℃	24 h 内最高气温将升至 38℃以上	尽量避免在高温时段进行户外活动,高温条件下作业的人员应当缩短连续工作时间;对老、弱、病、幼人群提供防暑降温指导,并采取必要的防护措施;注意防范电力设备负载过大而引发的事故
	高温红 HEAT WAVE ℃	24 h 内最高气温将升至 40℃以上	减少户外活动;对老、弱、病、幼人群采取保护措施;特别注意防范高温引发的火险火灾事故

4.8　大雾

　　当近地面空气中的水汽达到饱和状态时,水汽凝结为小水滴悬浮在低空形成雾,这种雾会降低能见度,若能见度减小到 1 km 以下,气象上称为大雾,能见度低于 500 m 时称为浓雾,能见度低于 50 m 时称为强浓雾。雾可以分为多种,常见的有辐射雾和平流雾。辐射雾是地面空气因夜间辐射散热冷却水汽达到饱和状态后形成的,这种雾大多出现在晴朗、微风、近地面水汽又比较充沛的夜间或早晨。平流雾是由于空气的水平运动造成的。大雾多出现在春季或秋冬季,对公路、航空、船舶等交通影响很大。另外,雾气中含有一些污染物,呼吸后对人体健康也不利。

　　大雾预警信号包括 3 个等级,其含义及防御指南如表 4.10 所示。

表 4.10　大雾预警信号

预警信号		含义	防御指南
大雾	黄 HEAVY FOG	12 h 内可能出现能见度小于 500 m 的雾,或者已经出现能见度小于 500 m、大于等于 200 m 的雾并将持续	驾驶人员注意雾的变化,小心驾驶;户外活动注意安全
	橙 HEAVY FOG	6 h 内可能出现能见度小于 200 m 的雾,或者已经出现能见度小于 200 m、大于等于 50 m 的雾并将持续	驾驶人员必须严格控制车、船的行进速度;减少户外活动
	红 HEAVY FOG	2 h 内可能出现能见度小于 50 m 的雾,或者已经出现能见度小于 50 m 的雾并将持续	驾驶人员根据雾天行驶规定,采取雾天预防措施,根据环境条件采取合理行驶方式,并尽快寻找安全停放区域停靠;避免户外活动

4.9　霾

　　霾是悬浮在大气中的大量微小尘粒、烟粒或盐粒的集合体,使空气浑浊,水平能见度降低到 10 km 以下的一种天气现象。霾一般呈乳白色,它使物体的颜色减弱,使远处光亮物体微带黄红色,而黑暗物体微带蓝色。

　　霾作为一种自然现象,其形成主要有三方面因素。一是在水平方向静风现象增多。近年来随着城市建设的迅速发展,大楼越建越高,阻挡和摩擦作用使风流经城区时明显减弱。静风现象增多,不利于大气污染物的扩展稀释,使污染物容易在城区和近郊区周边积累。二是垂直方向上出现逆温。逆温层好比一个锅盖覆盖在城市上空,这种高空气温比低空气温更高的逆温现象,使得大气层低空的垂直运动受到限制,导致污染物难以向高空飘散而被阻滞在低空和近地面。三是空气中悬浮颗粒物的增加。近年来随着城市人口的增长、工业发展和机动车猛增,使得污染物排放和悬浮物大量增加,直接导致了能见度的降低,使得整个城市经常看起来灰蒙蒙的。

　　霾中含有数百种大气化学颗粒物质,它们在人们毫无防范的时候侵入人体呼吸道和肺叶中,从而引起呼吸系统、心血管系统、血液系统、生殖系统等疾病,诸如咽喉炎、肺气肿、哮喘、鼻炎、支气管炎等炎症,长期处于这种环境还会诱发肺癌、心肌缺血及损伤。另外,霾造成的低能见度也常常引发交通事故,威胁道路交通安全。

　　当出现霾天气的时候,老人、孩子和体弱者可以选择少出门,呼吸道疾病患者外出时可戴上口罩,人们应尽量选择在室内锻炼身体,减少机动车的使用,并注意出行安全。

霾预警信号包括 3 个等级,其含义及防御指南如表 4.11 所示。

表 4.11　霾预警信号

预警信号		含义	防御指南
霾	黄 HAZE 霾 ∞	24 h 内将出现中度霾,易形成中度空气污染。	空气质量明显降低,人员需适当防护;一般人群适量减少户外活动,儿童、老人及易感人群应减少外出。
	橙 HAZE 霾 ∞	24 h 内将出现重度霾,易形成重度空气污染。	空气质量差,人员需适当防护;一般人群减少户外活动,儿童、老人及易感人群应尽量避免外出。
	红 HAZE 霾 ∞	24 h 内将出现严重霾,易形成严重空气污染。	政府及相关部门按照职责采取相应措施,控制污染物排放;空气质量很差,人员需加强防护;一般人群避免户外活动,儿童、老人及易感人群应当留在室内;机场、高速公路、轮渡码头等单位加强交通管理,保障安全;驾驶人员谨慎驾驶。

4.10　暴雪

积雪深度≥5 cm 或降雪量≥20 mm 的降雪过程称为暴雪,多发生在冬季和初春。降雪对交通影响很大,其造成的低能见度以及积雪极易导致公路、航空交通中断。暴雪还易压断通信、输电线路,厚的积雪还会压坏蔬菜大棚,也能遮挡大棚的光照,影响作物的生长(图 4.30)。

图 4.30　宁波四明山大雪

暴雪预警信号包括 4 个等级,其含义及防御指南如表 4.12 所示。

表 4.12　暴雪预警信号

预警信号		含义	防御指南
暴雪	暴雪 蓝 SNOW STORM	12 h 内降雪量将达 4 mm 以上,或者已达 4 mm 以上且降雪持续,可能对交通或者农牧业有影响	行人注意防寒防滑,驾驶人员小心驾驶,车辆应当采取防滑措施;做好防雪灾和防冻害准备;加固棚架等易被雪压的临时搭建物
	暴雪 黄 SNOW STORM	12 h 内降雪量将达 6 mm 以上,或者已达 6 mm 以上且降雪持续,可能对交通或者农牧业有影响	行人注意防寒防滑,驾驶人员小心驾驶,车辆应当采取防滑措施;做好防雪灾和防冻害准备;加固棚架等易被雪压的临时搭建物
	暴雪 橙 SNOW STORM	6 h 内降雪量将达 10 mm 以上,或者已达 10 mm 以上且降雪持续,可能或者已经对交通或者农牧业有较大影响	行人注意防寒防滑,驾驶人员小心驾驶,车辆应当采取防滑措施;做好防雪灾和防冻害准备;尽量减少户外活动;加固棚架等易被雪压的临时搭建物
	暴雪 红 SNOW STORM	6 h 内降雪量将达 15 mm 以上,或者已达 15 mm 以上且降雪持续,可能或者已经对交通或者农牧业有较大影响	行人注意防寒防滑,驾驶人员小心驾驶,车辆应当采取防滑措施;做好防雪灾和防冻害准备;尽量减少户外活动;加固棚架等易被雪压的临时搭建物

4.11　道路结冰

如果地面温度低于 0℃,道路上就会出现结冰现象。道路结冰容易发生在 12 月至次年 2 月。在宁波降雪一般为"湿雪",往往属于 0~4℃ 的混合态水,落地便成冰水浆糊状,一到夜间气温下降,就会凝固成大片冰块,最低气温如果低于 0℃,就有可能出现道路结冰现象,只要气温不回升到足以使冰层解冻,就将一直坚如磐石。道路结冰危害行人、车辆出行安全,给人们出行造成极大不便。

道路结冰预警信号包括 3 个等级,其含义及防御指南如表 4.13 所示。

表 4.13 道路结冰预警信号

预警信号		含义	防御指南
道路结冰		路表温度低于 0℃,出现降水,12 h 内可能出现对交通有影响的道路结冰	驾驶人员应当注意路况,安全行驶;减少外出,注意防滑
		路表温度低于 0℃,出现降水,6 h 内可能出现对交通有较大影响的道路结冰	驾驶人员必须采取防滑措施,听从指挥,慢速行驶;减少外出,注意防滑;遇下雨天,要注意防御冻雨危害
		路表温度低于 0℃,出现降水,2 h 内可能出现或者已经出现对交通有很大影响的道路结冰	驾驶人员必须采取防滑措施,听从指挥,慢速行驶;减少外出,注意防滑;遇下雨天,要注意防御冻雨危害

4.12 干旱

干旱问题十分复杂,涉及面广,可分为气象干旱、农业干旱、水文干旱以及经济社会干旱等,气象干旱是其他专业性干旱研究和业务的基础。气象干旱是指某时段由于蒸发量和降水量的收支不平衡,水分支出大于水分收入而造成的水分短缺现象,划分为无旱、轻旱、中旱、重旱和特旱 5 个等级。

宁波一年四季均可发生干旱,连年发生旱灾的情况也不少见,对工农业生产影响大,危害重的则属出梅后的伏旱或夏秋连旱。梅雨结束后,由于受副热带高压控制,晴热少雨、蒸发量大,很容易产生伏旱,若夏旱连秋旱,则旱情更加严重,使工农业减产,城市供水困难,人民生活也受到影响。从地域分布上看,旱情相对较重的是象山、宁海的丘陵山区以及自然降水存蓄率不高的慈溪。若以气象干旱等级在"中旱"以上且持续时间超过 10 天作为发生一次干旱过程,则干旱主要集中在 8 月、11 月,其次为 10 月、7 月,即以伏旱或夏秋连旱为主。

干旱预警信号包括 2 个等级,其含义及防御指南如表 4.14 所示。

表 4.14　干旱预警信号

预警信号		含义	防御指南
干旱	干旱 橙 DROUGHT	预计未来一周综合气象干旱指数达到重旱(气象干旱为 25～50 年一遇),或者某一县(区)有40%以上的农作物受旱	有关部门和单位按照职责做好防御干旱的应急工作;有关部门启用应急备用水源,调度辖区内一切可用水源,优先保障城乡居民生活用水和牲畜饮水;压减城镇供水指标,优先经济作物灌溉用水,限制大量农业灌溉用水;限制非生产性高耗水及服务业用水,限制排放工业污水;气象部门适时进行人工增雨作业
	干旱 红 DROUGHT	预计未来一周综合气象干旱指数达到特旱(气象干旱为 50 年以上一遇),或者某一县(区)有60%以上的农作物受旱	有关部门和单位按照职责做好防御干旱的应急和救灾工作;各级政府和有关部门启动远距离调水等应急供水方案,采取提外水、打深井、车载送水等多种手段,确保城乡居民生活和牲畜饮水;限时或者限量供应城镇居民生活用水,缩小或者阶段性停止农业灌溉供水;严禁非生产性高耗水及服务业用水,暂停排放工业污水;气象部门适时加大人工增雨作业力度

4.13　霜冻

入秋后的气温随冷空气的频繁入侵而明显降低,尤其是在晴朗无风的夜间或清晨,辐射散热增多,地面和植株表面温度迅速下降,当植株体温降至 0℃ 以下时,植株体内细胞会脱水结冰,遭受霜冻危害。霜冻在秋、冬、春三季都会出现,通常把秋季第一次发生的霜冻称为初霜冻,而宁波出现初霜冻的时间一般在 11 月下旬。

霜冻预警信号包括 3 个等级,其含义及防御指南如表 4.15 所示。

表 4.15　霜冻预警信号

预警信号		含义	防御指南
霜冻	霜冻 蓝 FROST	48 h 内地面最低温度将要下降到 0℃ 以下(春秋季 4℃ 以下),对农业将产生影响,或者已经降到 0℃ 以下(春秋季 4℃ 以下),对农业已经产生影响,并可能持续	对茶叶、蔬菜、花卉、瓜果等农林作物采取一定防护措施
	霜冻 黄 FROST	24 h 内地面最低温度将要下降到零下 3℃ 以下(春秋季 2℃ 以下),对农业将产生严重影响,或者已经降到零下 3℃ 以下(春秋季 2℃ 以下),对农业已经产生严重影响,并可能持续	对茶叶、蔬菜、花卉、瓜果等农林作物及时采取防冻害措施;做好水管等设备防冻工作
	霜冻 橙 FROST	24 h 内地面最低温度将要下降到零下 5℃ 以下(春秋季 0℃ 以下),对农业将产生严重影响,或者已经降到零下 5℃ 以下(春秋季 0℃ 以下),对农业已经产生严重影响,并将持续	对茶叶、蔬菜、花卉、瓜果等农林作物及时采取防冻害措施;做好水管等设备防冻工作

4.14　龙卷风

龙卷风是一种与强雷暴云相伴出现的具有近于垂直轴的强烈涡旋,是小概率事件。龙卷风出现时,往往有一个或数个如同"象鼻子"样的漏斗状云柱从云底向下伸展,同时伴有狂风暴雨、雷电或冰雹。当它出现在陆地上时,称陆龙卷。当它发生于水面上时,常吸水上升如柱,好像"龙吸水",称水龙卷。龙卷风在宁波以6—9月出现概率最大,通常出现在对流旺盛的强大的积雨云下。龙卷风的直径往往不超过1 km,小的只有几十米,形成后往往也只持续几分钟至几十分钟。龙卷风的行进速度极快,但一般沿直线前进,不会转弯。另外,龙卷风还具有边消边生的特点。

在龙卷风经过的地方,常将大树拔起,车辆掀翻,建筑物摧毁,有时把人卷走,危害十分严重。1998年7月20日14时40分,鄞州区邱隘镇的4个村受龙卷风袭击,部分电线杆和早稻被刮倒,数人受伤。2000年6月21日傍晚18时30分左右,慈溪西北部出现了龙卷风,造成庵东镇10个村、杭州湾镇4个村受灾,房屋倒塌,大树、水泥杆折断。2003年8月31日15时许,龙卷风袭击奉化大堰镇后畈村,有目击者称,当天的龙卷风有水缸那么粗,高一百多米,自东向西,逆时针旋转,持续时间达三四分钟,所到之处天昏地暗,村民王国宁家在遭龙卷风袭击时,家里的6个人只觉得墙像纸片一样,先往里推,后朝外倒塌,所有的人紧紧靠着墙壁才未被卷走,一辆停在弄堂口的摩托车被刮到了七八米之外,一根重约150 kg的门槛被高高卷起,这次龙卷风还把村里几排防风林齐腰折断,有的还被连根拔起。2004年8月25日凌晨1点50分左右,鄞州区高桥镇高桥村至高峰村出现宽40～50 m、长6～7 km的带状区域,持续2～4 min,移动方向为东北偏东向西南偏西的龙卷风。

4.15　雨雪冰冻

雨雪冰冻是由降雪(或雨夹雪、霰、冰粒、冻雨等)或降雨后遇低温形成的积雪、结冰现象,主要发生在冬季,但秋冬交替和冬春交替之际偶尔也会出现。近十年来,宁波出现过两次影响严重的雨雪冰冻天气,分别在2008年和2016年。

2008年1月13日至2月中旬,宁波市出现了罕见的低温雨雪冰冻天气,1月13日至2月20日、2月24—28日400 m以上高山均出现了持续低温冰冻,2月13日四明山最低气温达−10.0℃,其他海拔较高的山区也在−7℃以下。1月28日夜里到29日各地山区出现冻雨,2月1—2日部分山区出现冻雨,各地出现大雪,四明山区积雪深度达 40 cm,部分地区厚达 1 m,四明山镇冰封达 33 天。这次低温雨雪冰冻灾害影响范围大,持续时间长,破坏的严重程度历史罕见,尤以电力、交通、农业为最。

2016 年 1 月 20 日夜里至 23 日中午,山区持续降雪近 60 h,造成严重积雪,有积雪的道路严重结冰。余姚、奉化、宁海等部分山区积雪达 20～50 cm,其中余姚上王岗 46 cm、鄞州杖锡 44 cm、宁海望海岗 40 cm、奉化商量岗 37 cm。与此同时,最低气温部分破近 30 年纪录。23 日 9 时起至 25 日 11 时,全市气温连续 50 h 在冰点以下。奉化(－8.3℃)和鄞州(－6.9℃)破近 30 年(1986 年)以来最低纪录,慈溪(－6.6℃)、余姚(－7.0℃)、镇海(－6.7℃)和北仑(－6.3℃)是近 30 年(1986 年)第二低。这两次雨雪冰冻天气过程中多种灾害叠加给宁波市农业、林业、渔业、交通、电力、城市设施和居民日常生活等造成了严重影响。

4.16　洪灾

洪灾是指一个流域内因集中大暴雨或长时间降雨,汇入河道的径流量超过其泄洪能力而漫溢两岸或造成堤坝决口导致泛滥的灾害。宁波洪灾多发于 6—9 月,有时受晚台风影响延至 10 月上旬。6 月中旬至 7 月初的梅雨季节,7 月下旬至 9 月的台风季节,还有期间的强对流短时强降水,都易暴发洪灾,致使农田受淹,村庄被冲,房屋倒塌,财产受损,甚至造成人员伤亡。

当面临洪灾时,需提高防备和自救能力,切不可惊慌失措。洪水到来之前,要根据当地电视、广播等媒体提供的降水、洪水信息,结合自己所处的位置和条件,冷静地选择最佳路线和目的地撤离;同时应备足速食食品、饮用水和日用品,将木板、泡沫塑料、塑料盆等适合漂浮的材料加工成救生装置以备急需,并妥善安置好贵重物品。洪水到来时,来不及转移的人员要就近向山坡、高地、房顶等处转移暂避;如洪水继续上涨,暂避的地方已难以自保,则要利用准备好的救生器材逃生;如已被洪水围困,要设法尽快与防汛部门取得联系,报告自己的方位和险情,积极寻求救援;如已被卷入洪水中,一定要尽可能抓住固定的或能漂浮的东西,寻找机会逃生。

4.17　地质灾害

地质灾害是指在自然或者人为因素的作用下形成的,对人类生命财产、环境造成破坏和损失的地质作用(现象),如崩塌、滑坡、泥石流、地裂缝、水土流失、土地沙漠化及沼泽化、土壤盐碱化,以及地震、火山、地热害等,其中崩塌、滑坡和泥石流等地质灾害的形成与强降水密切相关。

宁波市近十年地质灾害和强降水的对比分析表明,当热带气旋或强对流等天气系统的过程雨量超过 100 mm,宁波境内就有可能有地质灾害出现;过程雨量超过 200 mm,宁波境内可能多处出现地质灾害;过程雨量超过 300 mm,山区产生山洪或地质灾害的气象风险等级高或很高。鉴于此,当宁波出现以下四种情况之一时,应当特别注意地质灾害的发生:①小时雨量超过 50 mm;②日雨量超过 100 mm;③连续多日降雨,累积雨量超过 200 mm;④前期干旱,突降暴雨。

宁波市国土资源局和市气象局联合发布的地质灾害气象风险等级预报共分为 4 级,其含义和预防措施如表 4.16 所示。

表 4.16　地质灾害气象风险等级预报

等级	预警指数	致灾风险	含义	预防措施
4 级(蓝色)	<5.0	较低		
3 级(黄色)	5.0~12.0	较高	发生地质灾害的气象风险较高	提醒灾害点附近和高中易发区人员密切关注降雨情况,加强巡查、监测,避免地质灾害造成人员伤亡
2 级(橙色)	12.0~20.0	高	发生地质灾害的气象风险高	停止灾害隐患点附近的户外作业,落实应急措施,组织抢险队伍,密切注意当地雨情变化,做好受地灾威胁居民转移准备工作
1 级(红色)	≥20.0	很高	发生地质灾害的气象风险很高	紧急疏散受地灾威胁的人员,实施危险区段交通管制,组织人员准备应急抢险

如遇泥石流、滑坡、崩塌等地质灾害,人们需掌握一定的避险和自救技巧。行人与车辆不要进入或通过有警示标志的滑坡、崩塌危险区;在沟谷内逗留或活动时,一旦遭遇暴雨,要迅速转移到安全的高地,不要在低洼的谷底或陡峻的山坡下躲避、停留;要留心周围环境,特别警惕远处传来的土石崩落、洪水咆哮等异常声响,这很可能是即将发生地质灾害的征兆;发现泥石流、滑坡等袭来时,要马上向沟岸两侧高处跑,千万不要顺沟方向往上游或下游跑;暴雨停止后,不要急于返回沟内住地,应等待一段时间。

4.18　人类活动的致灾作用

在人类历史发展进程中,人类为了生存与发展,一方面防治灾害,保护和治理环境,从而消除了一些自然灾害;另一方面则在自觉或不自觉地大量开发资源,破坏生态环境,导致多种自然灾害发生,而且随着人类社会的发展,这种负面影响愈演愈烈,成为重要的致灾因素。人类活动的致灾作用主要表现在:①破坏森林植被,造成严重的水土流失,加剧水、旱、地质灾害;②破坏草场,使荒漠化急剧发展;③过量超采地下水资源,使地表水萎缩,地下水位下降,并造成地面沉降、地面塌陷、海水入侵等灾害;④严重的环境污染不但使淡水资源质量降低,直接危害人类健康和正常生活,而且导致大面积酸雨和赤潮等灾害;⑤由于人口过快增长和经济高速发展带来的生态环境大面积破坏和退化,动植物受到灭绝威胁,生物多样性减少;⑥其他如噪声污染、工程采矿导致的环境破坏等也很严重。因此,低碳生活,保护环境是我们共同的职责。

第 5 章　文学篇

中国文学特别是诗词,蕴含着极其丰富的气象元素,如"春江水暖鸭先知""清明时节雨纷纷"等,实为数不胜数。其中优秀的诗词刻画传神、鲜明生动,读了这些诗词,既可作文学欣赏,又能增进气象知识,可谓一举两得。

5.1　雨

雨向来是诗人的钟爱之物,其中以春雨和秋雨为多。春季来临,万物复苏,诗人多有感而发,因而赞美雨的诗多与春雨有关,描写秋雨则或多或少会透露出一丝悲凉。

春夜喜雨

【唐】杜甫

好雨知时节,当春乃发生。

随风潜入夜,润物细无声。

野径云俱黑,江船火独明。

晓看红湿处,花重锦官城。

春天是万物萌芽生长的季节,正需要下雨,春雨贵如油,雨"知时节",就下起来了,它的确很"好",是"喜"雨。

清　　明

【唐】杜牧

清明时节雨纷纷,

路上行人欲断魂。

借问酒家何处有?

牧童遥指杏花村。

清明,虽然是柳绿花红、春光明媚的时节,可也是天气容易发生变化的期间,常常赶上"闹天气"。"雨纷纷"指细雨,也正道出清明时节雨的特色。

早春呈水部张十八员外

【唐】韩愈

天街小雨润如酥，
草色遥看近却无。
最是一年春好处，
绝胜烟柳满皇都。

　　初春小雨，既没有盛夏"黑云压城城欲摧"般雷雨的粗暴，也躲避凛冽寒风下雨如刀的无情，以"润如酥"来形容它的细滑润泽，准确地捕捉到了早春雨的特点。

元月廿七日望湖楼醉书

【宋】苏轼

黑云翻墨未遮山，
白雨跳珠乱入船。
卷地风来忽吹散，
望湖楼下水如天。

　　把乌云比作"翻墨"，形象逼真；用"跳珠"形容雨点，有声有色；一个"未"字，突出了天气变化之快；一个"跳"字、一个"乱"字，写出了暴雨之大，雨点之急。但这"骤雨"在冬季出现着实不多。

春　　晓

【唐】孟浩然

春眠不觉晓，
处处闻啼鸟。
夜来风雨声，
花落知多少。

　　通过听觉形象，由阵阵春声把人引出屋外、让人想象屋外，写出了晴方好、雨亦奇的繁盛春意。

竹枝词二首·其一

【唐】刘禹锡

杨柳青青江水平，
闻郎江上唱歌声。
东边日出西边雨，
道是无晴却有晴。

　　"东边日出"是"有晴"，"西边雨"是"无晴"，"晴"和"情"谐音，"有晴""无晴"是"有情""无情"的隐语。常能遇到这样的气象景观，在盛夏，还能看到一边下着雨，一边同时露着太阳。

咸阳城西楼晚眺

【唐】许浑

一上高城万里愁，蒹葭杨柳似汀洲。

溪云初起日沉阁，山雨欲来风满楼。

鸟下绿芜秦苑夕，蝉鸣黄叶汉宫秋。

行人莫问当年事，故国东来渭水流。

云起日沉，雨来风满，动感分明；"风为雨头"，含蕴深刻。此联常用来比喻重大事件发生前的紧张气氛，是千古传咏的名句。

如梦令·昨夜雨疏风骤

【宋】李清照

昨夜雨疏风骤，浓睡不消残酒。

试问卷帘人，却道海棠依旧。

知否，知否？应是绿肥红瘦。

昨宵雨狂风猛，当此芳春，名花正好，偏那风雨就来逼迫了，心绪如潮，不得入睡，只有借酒消愁。

滁州西涧

【唐】韦应物

独怜幽草涧边生，

上有黄鹂深树鸣。

春潮带雨晚来急，

野渡无人舟自横。

"春潮"与"雨"之间用"带"字，好像雨是随着潮水而来，把本不相属的两种事物紧紧连在了一起，而且用一"急"字写出了潮和雨的动态。

临安春雨初霁

【南宋】陆游

世味年来薄似纱，谁令骑马客京华？

小楼一夜听春雨，深巷明朝卖杏花。

矮纸斜行闲作草，晴窗细乳戏分茶。

素衣莫起风尘叹，犹及清明可到家。

绵绵的春雨，由诗人的听觉中写出，淡荡的春光，则在卖花声里透出，写得形象而有深致。

浪淘沙令·帘外雨潺潺

【南唐】李煜

帘外雨潺潺,春意阑珊,罗衾不耐五更寒。

梦里不知身是客,一晌贪欢。

独自莫凭栏,无限江山,别时容易见时难。

流水落花春去也,天上人间。

潺潺春雨和阵阵春寒,惊醒残梦,使抒情主人公回到了真实人生的凄凉景况中来,听雨品茗,恍若隔世。

山行留客

【唐】张旭

山光物态弄春晖,

莫为轻阴便拟归。

纵使晴明无雨色,

入云深处亦沾衣。

在晴天中,因为春季雨水充足,云深雾锁的山中也会水汽濛濛,行走在草木掩映的山径上,衣服和鞋子同样会被露水和雾气打湿。

山居秋暝

【唐】王维

空山新雨后,天气晚来秋。

明月松间照,清泉石上流。

竹喧归浣女,莲动下渔舟。

随意春芳歇,王孙自可留。

山雨初霁,万物为之一新,又是初秋的傍晚,空气之清新,景色之美妙,可以想见。

忆 江 南

【唐】皇甫松

兰烬落,屏上暗红蕉。

闲梦江南梅熟日,夜船吹笛雨潇潇。

人语驿边桥。

楼上寝,残月下帘旌。

梦见秣陵惆怅事,桃花柳絮满江城。

双髻坐吹笙。

这是一幅梅子成熟时江南夜雨图,梅子与雨太相关了,梅子成熟季节正值江南梅雨期,宁波梅雨时间一般在 6 月中旬至 7 月上旬。

雨霖铃·寒蝉凄切

【北宋】柳永

寒蝉凄切,对长亭晚,骤雨初歇。

都门帐饮无绪,留恋处,兰舟催发。

执手相看泪眼,竟无语凝噎。

念去去,千里烟波,暮霭沉沉楚天阔。

多情自古伤离别,更那堪冷落清秋节!

今宵酒醒何处?杨柳岸,晓风残月。

此去经年,应是良辰好景虚设。

便纵有千种风情,更与何人说?

秋后傍晚,城外长亭,阵雨已停止,知了叫得又凄凉又急促,烘托出男女离别分手的凄凉场景。

声声慢·寻寻觅觅

【宋】李清照

寻寻觅觅,冷冷清清,凄凄惨惨戚戚。

乍暖还寒时候,最难将息。

三杯两盏淡酒,怎敌他、晚来风急?

雁过也,正伤心,却是旧时相识。

满地黄花堆积。憔悴损,如今有谁堪摘?

守着窗儿,独自怎生得黑?

梧桐更兼细雨,到黄昏、点点滴滴。

这次第,怎一个愁字了得!

窗外风吹着梧桐树,又加上下着小雨的声音,描绘出一个冷冷清清的秋日黄昏。

卜算子·咏梅

【宋】陆游

驿外断桥边,寂寞开无主。

已是黄昏独自愁,更著风和雨。

无意苦争春,一任群芳妒。

零落成泥碾作尘,只有香如故。

心如天空般阴沉,雨挟着风,触景生情,怎不叫人愁闷。

蝶恋花·庭院深深深几许

【宋】欧阳修

庭院深深深几许,杨柳堆烟,帘幕无重数。

玉勒雕鞍游冶处,楼高不见章台路。

雨横风狂三月暮,门掩黄昏,无计留春住。

泪眼问花花不语,乱红飞过秋千去。

"三月暮"点季节,"风雨"点气候,一个苦闷灵魂的心声。

御 街 行

【北宋】晏几道

街南绿树春饶絮。雪满游春路。

树头花艳杂娇云,树底人家朱户。

北楼闲上,疏帘高卷,直见街南树。

阑干倚尽犹慵去,几度黄昏雨。

晚春盘马踏青苔,曾傍绿阴深驻。

落花犹在,香屏空掩,人面知何处。

通过写景,写诗人如痴如醉、由痴而呆的情态,但目的是写他的钟情之深。

宿骆氏亭寄怀崔雍崔衮

【唐】李商隐

竹坞无尘水槛清,

相思迢递隔重城。

秋阴不散霜飞晚,

留得枯荷听雨声。

连日天气阴霾,孕育着雨意,所以霜也下得晚了;末句是全篇的点睛之笔,写诗人聆听雨打枯荷的声音和诗人的心情变化过程。

夜雨寄北

【唐】李商隐

君问归期未有期,

巴山夜雨涨秋池。

何当共剪西窗烛,

却话巴山夜雨时。

未来的乐,自然反衬出今夜的苦;而今夜的苦又成了未来剪烛夜话的材料,增添了重聚时的乐。四句诗,明白如话,却何等曲折,何等深婉,何等含蓄隽永,余味无穷!

临江仙·梦后楼台高锁

【北宋】晏几道

梦后楼台高锁,酒醒帘幕低垂。

去年春恨却来时,落花人独立,微雨燕双飞。

记得小蘋初见,两重心字罗衣。

琵琶弦上说相思,当时明月在,曾照彩云归。

"落花"示伤春之感,"燕双飞"寓缱绻之情。古人常用"双燕"反衬行文中人物的孤寂之感。"人独立"再写"燕双飞"形成了鲜明的对比。

寄黄几复

【北宋】黄庭坚

我居北海君南海,寄雁传书谢不能。

桃李春风一杯酒,江湖夜雨十年灯。

持家但有四立壁,治病不蕲三折肱。

想得读书头已白,隔溪猿哭瘴溪藤。

"桃李春风"与"江湖夜雨",这是"乐"与"哀"的对照;"一杯酒"与"十年灯",这是"一"与"多"的对照。"桃李春风"而共饮"一杯酒",欢会极其短促。"江湖夜雨"而各对"十年灯",漂泊极其漫长。快意与失望,暂聚与久别,往日的交情与当前的思念,都从时、地、景、事、情的强烈对照中表现出来,令人寻味无穷。

浣溪沙·漠漠轻寒上小楼

【北宋】秦观

漠漠轻寒上小楼,晓阴无赖似穷秋。

淡烟流水画屏幽。

自在飞花轻似梦,无边丝雨细如愁。

宝帘闲挂小银钩。

细雨如丝,迷迷蒙蒙,迷漫无际。见飞花之缥缈,不禁忆起残梦之无凭,心中顿时悠起的是细雨蒙蒙般茫无边际的愁绪。

雨过山村

【唐】王建

雨里鸡鸣一两家,

竹溪村路板桥斜。

妇姑相唤浴蚕去,

闲着中庭栀子花。

开头就大有山村风味。这首先与"鸡鸣"有关,"鸡鸣桑树颠"乃村居特征之一。

在雨天,晦明交替似的天色,会诱得"鸡鸣不已"。但倘若是大村庄,一鸡打鸣会引来群鸡合唱。山村就不同了,地形使得居民点分散,即使成村,人户也不会多。"鸡鸣一两家",恰好写出山村的特殊风味。

别严士元

【唐】刘长卿

春风倚棹阖闾城,水国春寒阴复晴。

细雨湿衣看不见,闲花落地听无声。

日斜江上孤帆影,草绿湖南万里情。

东道若逢相识问,青袍今已误儒生。

笑谈之际,飘来了一阵毛毛细雨,雨细得连看也看不见,衣服却分明觉得微微湿润。树上,偶尔飘下几朵残花,轻轻漾漾,落到地上连一点声音都没有,恰似细雨"润物细无声"。这不只是单纯描写风景,读者还仿佛看见景色之中复印着人物的动作,可以领略到人物在欣赏景色时的惬意表情。

水槛遣心二首·其一

【唐】杜甫

去郭轩楹敞,无村眺望赊。

澄江平少岸,幽树晚多花。

细雨鱼儿出,微风燕子斜。

城中十万户,此地两三家。

鱼儿在毛毛细雨中摇曳着身躯,喷吐着水泡儿,欢欣地游到水面来了。燕子轻柔的躯体,在微风的吹拂下,倾斜着掠过水蒙蒙的天空……诗人遣词用意精微细致,描写十分生动。"出"写出了鱼的欢欣,极其自然;"斜"写出了燕子的轻盈,逼肖生动。诗人细致地描绘了微风细雨中鱼和燕子的动态,其意在托物寄兴。

鹧鸪天·林断山明竹隐墙

【北宋】苏轼

林断山明竹隐墙,乱蝉衰草小池塘。

翻空白鸟时时见,照水红蕖细细香。

村舍外,古城旁,杖藜徐步转斜阳。

殷勤昨夜三更雨,又得浮生一日凉。

天公想得挺周到,昨天夜里三更时分,下了一场好雨,又使得词人度过了一天凉爽的日子。"殷勤"二字,犹言"多承"。

5.2 风

在风的刻画方面,诗人多有佳作,尤以描写春风和畅、充满生机的居多。在描写秋冬季的西北风时,诗人多是借物抒怀,表达心中的凄楚。

咏 柳

【唐】贺知章

碧玉妆成一树高,

万条垂下绿丝绦。

不知细叶谁裁出,

二月春风似剪刀。

柳是春之信使,用拟人手法刻画春天的美好和大自然剪刀般的工巧,新颖别致,把春风孕育万物形象地表现出来了,烘托无限的美感。

村 居

【清】高鼎

草长莺飞二月天,

拂堤杨柳醉春烟。

儿童散学归来早,

忙趁东风放纸鸢。

生动地描写了春天时的大自然,写出了春日农村特有的明媚、迷人的"草长莺飞"景色。

春 兴

【唐】武元衡

杨柳阴阴细雨晴,

残花落尽见流莺。

春风一夜吹乡梦,

又逐春风到洛城。

和煦的春风,像是给入眠的思乡者不断吹送故乡春天的信息,这才酿就了一夜的思乡之梦;而这一夜的思乡之梦,又随着春风的踪迹,飘飘荡荡,越过千里关山,来到日思夜想的故乡。

绝　句

【唐】杜甫

迟日江山丽，

春风花草香。

泥融飞燕子，

沙暖睡鸳鸯。

描绘出在初春灿烂阳光的照耀下，浣花溪一带明净绚丽的春景，用笔简洁而色彩浓艳。

江　南　春

【唐】杜牧

千里莺啼绿映红，

水村山郭酒旗风。

南朝四百八十寺，

多少楼台烟雨中。

迷人的江南，经过诗人生花妙笔的点染，显得更加令人心旌摇荡了；摇荡的原因，除了景物的繁丽外，恐怕还由于这种繁丽是铺展在大块土地上的。

春　游　曲

【唐】王涯

万树江边杏，新开一夜风。

满园深浅色，照在绿波中。

上苑何穷树，花开次第新。

香车与丝骑，风静亦生尘。

在栽有万棵杏树的江边园林，一夜春风催花开，春意浓郁，形象生动。

绝　句

【宋】志南

古木阴中系短篷，

杖藜扶我过桥东。

沾衣欲湿杏花雨，

吹面不寒杨柳风。

细雨沾衣，似湿而不见湿，和风迎面吹来，不觉有一丝寒意。

泊船瓜洲

【北宋】王安石

京口瓜洲一水间，

钟山只隔数重山。

春风又绿江南岸，

明月何时照我还。

春风吹过以后产生的奇妙效果，从而把看不见的春风转换成鲜明的视觉形象，春风拂煦，百草始生，千里江岸，一片新绿。

凉州词二首·其一

【唐】王之涣

黄河远上白云间，

一片孤城万仞山。

羌笛何须怨杨柳，

春风不度玉门关。

玉门关外，春风不度，杨柳不青，离人想要折一枝杨柳寄情也不能，这就比折柳送别更为难堪。

凉州词二首·其二

【唐】王翰

葡萄美酒夜光杯，欲饮琵琶马上催。

醉卧沙场君莫笑，古来征战几人回？

秦中花鸟已应阑，塞外风沙犹自寒。

夜听胡笳折杨柳，教人意气忆长安。

战士们在边关忍受苦寒，恨春风不度，转而思念起故乡明媚、灿烂的春色、春光来。

寒　食

【唐】韩翃

春城无处不飞花，

寒食东风御柳斜。

日暮汉宫传蜡烛，

轻烟散入五侯家。

诗人立足高远，视野宽阔，全城景物，尽在望中。

西江月·夜行黄沙道中

【宋】辛弃疾

明月别枝惊鹊,清风半夜鸣蝉。

稻花香里说丰年,听取蛙声一片。

七八个星天外,两三点雨山前。

旧时茅店社林边,路转溪桥忽见。

"惊鹊"和"鸣蝉"两句动中寓静,把半夜"清风""明月"下的景色描绘得令人悠然神往。

登　高

【唐】杜甫

风急天高猿啸哀,渚清沙白鸟飞回。

无边落木萧萧下,不尽长江滚滚来。

万里悲秋常作客,百年多病独登台。

艰难苦恨繁霜鬓,潦倒新停浊酒杯。

经过诗人的艺术提炼,十四个字,字字精当,无一虚设,用字遣词,"尽谢斧凿",达到了奇妙难名的境界。

秋　风　引

【唐】刘禹锡

何处秋风至?

萧萧送雁群。

朝来入庭树,

孤客最先闻。

通过这一起势突兀、下笔飘忽的问句,也显示了秋风的不知其来、忽然而至的特征。

秋雨中赠元九

【唐】白居易

不堪红叶青苔地,

又是凉风暮雨天。

莫怪独吟秋思苦,

比君校近二毛年。

青苔地上落满红叶,秋天的悲凉气氛,实令人不堪忍受,何况又是凉风劲吹,晚间落雨的天候。

蝶 恋 花

【宋】晏殊

槛菊愁烟兰泣露，罗幕轻寒，燕子双飞去。

明月不谙离恨苦，斜光到晓穿朱户。

昨夜西风凋碧树，独上高楼，望尽天涯路。

欲寄彩笺兼尺素，山长水阔知何处？

这西风真是厉害，一夜之间绿叶全脱光了，给人以强烈的印象。

茅屋为秋风所破歌

【唐】杜甫

八月秋高风怒号，卷我屋上三重茅。

茅飞渡江洒江郊，高者挂罥长林梢，下者飘转沉塘坳。

南村群童欺我老无力，忍能对面为盗贼。

公然抱茅入竹去，唇焦口燥呼不得，归来倚杖自叹息。

俄顷风定云墨色，秋天漠漠向昏黑。

布衾多年冷似铁，娇儿恶卧踏里裂。

床头屋漏无干处，雨脚如麻未断绝。

自经丧乱少睡眠，长夜沾湿何由彻！

安得广厦千万间，大庇天下寒士俱欢颜，风雨不动安如山。

呜呼！何时眼前突兀见此屋，吾庐独破受冻死亦足！

用饱蘸浓墨的大笔渲染出暗淡愁惨的氛围，从而烘托出诗人暗淡愁惨的心境，而密集的雨点即将从漠漠的秋空洒向地面，已在预料之中。

军城早秋

【唐】杜甫

昨夜秋风入汉关，

朔云边月满西山。

更催飞将追骄虏，

莫遣沙场匹马还。

看上去是写景，其实是颇有寓意的，"秋风入汉关"就意味着边境上的紧张时刻又来临了，"昨夜"二字，紧扣诗题"早秋"，如此及时地了解"秋风"，正反映了对时局的密切关注，对敌情的熟悉。

梅　花　落

【梁】吴均

隆冬十二月,寒风西北吹。

独有梅花落,飘荡不一枝。

流连逐霜彩,散漫下冰澌。

何当与春日,共映芙蓉池。

农历十二月,是冬季风最强、气温最低的月份,冬季风从西北方向吹来,寒冷干燥。

题都城南庄

【唐】崔护

去年今日此门中,

人面桃花相映红。

人面不知何处去,

桃花依旧笑春风。

因为是在回忆中写已经失去的美好事物,所以回忆便特别珍贵、美好,充满感情,这才有"人面桃花相映红"的传神描绘;正因为有那样美好的记忆,才特别感到失去美好事物的怅惘,因而有"人面不知何处去,桃花依旧笑春风"的感慨。

无题·相见时难别亦难

【唐】李商隐

相见时难别亦难,东风无力百花残。

春蚕到死丝方尽,蜡炬成灰泪始干。

晓镜但愁云鬓改,夜吟应觉月光寒。

蓬山此去无多路,青鸟殷勤为探看。

"东风无力百花残"一句,既写自然环境,也是抒情者心境的反映,物我交融,心灵与自然取得了精微的契合。这种借景物反映人的境遇和感情的描写,在李商隐的笔底是常见的。

清平调·其一

【唐】李白

云想衣裳花想容,

春风拂槛露华浓。

若非群玉山头见,

会向瑶台月下逢。

以"露华浓"来点染花容,美丽的牡丹花在晶莹的露水中显得更加艳冶,这就使上句更为酣满,同时也以风露暗喻君王的恩泽,使花容人面倍见精神。

元　日

【北宋】王安石

爆竹声中一岁除,

春风送暖入屠苏。

千门万户曈曈日,

总把新桃换旧符。

逢年遇节燃放爆竹,这种习俗古已有之,一直延续至今。古代风俗,每年正月初一,全家老小喝屠苏酒,然后用红布把渣滓包起来,挂在门框上,用来"驱邪"和躲避瘟疫。

登科后

【唐】孟郊

昔日龌龊不足夸,

今朝放荡思无涯。

春风得意马蹄疾,

一日看尽长安花。

所谓"春风",既是自然界的春风,也是诗人感到的可以大有作为的适宜的政治气候的象征。所谓"得意",既有考中进士以后的洋洋自得,也有得遂平生所愿,进而展望前程的踌躇满志。因而诗歌所展示的艺术形象,就不仅仅限于考中进士以后在春风骀荡中策马疾驰于长安道上的孟郊本人,而且也是时来运转、长驱在理想道路上的具有普遍意义的艺术形象了。

赤　壁

【唐】杜牧

折戟沉沙铁未销,

自将磨洗认前朝。

东风不与周郎便,

铜雀春深锁二乔。

后两句久为人们所传诵的佳句,意为倘若当年东风不帮助周瑜的话,就没有火烧曹营一幕大戏,那么铜雀台就会深深地锁住东吴二乔了。这里涉及历史上著名的赤壁之战。

大　风　歌

【汉】刘邦

大风起兮云飞扬，

威加海内兮归故乡，

安得猛士兮守四方！

第一句是最令古今拍案叫绝的诗句。作者并没有直接描写他与他的麾下在恢宏的战场上是如何歼剿重创叛乱的敌军，而是非常高明巧妙地运用大风和飞扬狂卷的乌云来暗喻这场惊心动魄的战争画面。

竹　　石

【清】郑燮

咬定青山不放松，

立根原在破岩中。

千磨万击还坚劲，

任尔东西南北风。

由于竹深深扎根于岩石之中而仍岿然不动，坚韧刚劲。什么样的风都对它无可奈何。诗人用"千""万"两字写出了竹子那种坚韧无畏、从容自信的神态，可以说全诗的意境至此顿然而出。

闻王昌龄左迁龙标遥有此寄

【唐】李白

杨花落尽子规啼，

闻道龙标过五溪。

我寄愁心与明月，

随风直到夜郎西。

后两句抒情。人隔两地，难以相从，而月照中天，千里可共，所以要将自己的愁心寄予明月，随风飘到夜郎。

望　洞　庭

【唐】刘禹锡

湖光秋月两相和，

潭面无风镜未磨。

遥望洞庭山水翠，

白银盘里一青螺。

湖上无风，迷迷蒙蒙的湖面宛如未经磨拭的铜镜。"镜未磨"三字十分形象贴切地表现了千里洞庭风平浪静、安宁温柔的景象，在月光下别具一种朦胧美。

秋　　思

【唐】张籍

洛阳城里见秋风，

欲作家书意万重。

复恐匆匆说不尽，

行人临发又开封。

秋风是无形的，可闻、可触、可感，而仿佛不可见。但正如春风可以染绿大地，带来无边春色一样，秋风所包含的肃杀之气，也可使木叶黄落，百卉凋零，给自然界和人间带来一片秋光秋色、秋容秋态。它无形可见，却处处可见。作客他乡的游子，见到这一切凄凉摇落之景，不可避免地要勾起羁泊异乡的孤子凄寂情怀，引起对家乡、亲人的悠长思念。

闻乐天授江州司马

【唐】元稹

残灯无焰影幢幢，

此夕闻君谪九江。

垂死病中惊坐起，

暗风吹雨入寒窗。

元稹这首诗所写的，只是听说好友被贬而陡然一惊的片刻，这无疑是一个"有包孕的片刻"，也就是说，是有千言万语和多种情绪涌上心头的片刻，是有巨大的蓄积和容量的片刻。作者写了这个"惊"的片刻而又对"惊"的内蕴不予点破，这就使全诗含蓄蕴藉，情深意浓，诗味隽永，耐人咀嚼。

伤春怨·雨打江南树

【北宋】王安石

雨打江南树，一夜花开无数。

绿叶渐成阴，下有游人归路。

与君相逢处，不道春将暮。

把酒祝东风，且莫恁、匆匆去。

作者无法，便把希望寄托东风身上。他端着酒杯，向东风祈祷：东风呀，你继续地吹吧，不要匆匆而去。他知道，只要东风浩荡，春意便不会阑珊。通过这一举动，词人的惜春之情、留春之意便跃然纸上了。

春夜洛城闻笛

【唐】李 白

谁家玉笛暗飞声，

散入春风满洛城。

此夜曲中闻折柳，

何人不起故园情。

　　着意渲染笛声，说它"散入春风"，"满洛城"，仿佛无处不在，无处不闻。这自然是有心人的主观感觉的极度夸张。"散"字用得妙。"散"是均匀、遍布。笛声"散入春风"，随着春风传到各处，无东无西，无南无北。

舟过安仁

【南宋】杨万里

一叶渔船两小童，

收篙停棹坐船中。

怪生无雨都张伞，

不是遮头是使风。

　　诗人看到在一叶小渔船上，有两个小孩子，他们收起竹篙，停下船桨，张开了伞。而诗人悟到了两个小孩之所以没下雨也张开伞，原来不是为了遮雨，而是想利用风让船前进。

春日偶成

【北宋】程 颢

云淡风轻近午天，

傍花随柳过前川。

时人不识余心乐，

将谓偷闲学少年。

　　春游所见、所感。云淡风轻，傍花随柳，寥寥数笔，不仅出色地勾画出了春景，而且强调了动感——和煦的春风吹拂大地，自己信步漫游，到处是艳美的鲜花，到处是袅娜多姿的绿柳，可谓"人在图画中"。

书　愤

【南宋】陆 游

早岁那知世事艰，中原北望气如山。

楼船夜雪瓜洲渡，铁马秋风大散关。

塞上长城空自许，镜中衰鬓已先斑。

出师一表真名世，千载谁堪伯仲间！

陆游的七律名篇之一,全诗感情沉郁,气韵浑厚。中两联属对工稳,尤以颔联"楼船""铁马"两句,雄放豪迈,为人们广泛传诵。这样的诗句出自他亲身的经历,饱含着他的政治生活感受。

谢亭送别

【唐】许浑

劳歌一曲解行舟,

红叶青山水急流。

日暮酒醒人已远,

满天风雨下西楼。

景物所特具的凄黯迷茫色彩与诗人当时的心境正相契合,因此我们完全可以从中感受到诗人的萧瑟凄清情怀。这样借景寓情,以景结情,比起直抒别情的难堪来,不但更富含蕴,更有感染力,而且使结尾别具一种不言而神伤的情韵。

5.3　雪

谈到雪,大家想到的是纯洁雪白、大地银装素裹,诗人也往往都表现出对大自然中雪景的赞美之情。

春　雪

【唐】韩愈

新年都未有芳华,

二月初惊见草芽。

白雪却嫌春色晚,

故穿庭树作飞花。

真正的春色(百花盛开)未来,固然不免令人感到有些遗憾,但这穿树飞花的春雪也照样给人以春的气息。

卜算子·咏梅

【现代】毛泽东

风雨送春归,飞雪迎春到。

已是悬崖百丈冰,犹有花枝俏。

俏也不争春,只把春来报。

待到山花烂漫时,她在丛中笑。

"风雨""飞雪"点出了四季的变化、时间的更替,"春归""春到"着眼于事物的运动,既给全篇造成了一种时间的流动感,又为下边写雪中之梅做了饱经沧桑的准备,词句挺拔,气势昂扬。

白雪歌送武判官归京

【唐】岑参

北风卷地白草折,胡天八月即飞雪。

忽如一夜春风来,千树万树梨花开。

散入珠帘湿罗幕,狐裘不暖锦衾薄。

将军角弓不得控,都护铁衣冷难着。

瀚海阑干百丈冰,愁云惨淡万里凝。

中军置酒饮归客,胡琴琵琶与羌笛。

纷纷暮雪下辕门,风掣红旗冻不翻。

轮台东门送君去,去时雪满天山路。

山回路转不见君,雪上空留马行处。

"即""忽如"等词形象、准确地表现了早晨起来突然看到雪景时的神情,经过一夜,大地银装素裹,焕然一新。胡天农历八月,即北方十月,看见飞雪很正常。

终南望余雪

【唐】祖咏

终南阴岭秀,

积雪浮云端。

林表明霁色,

城中增暮寒。

终南山的阴岭高出云端,积雪未化,云是流动的,而高出云端的积雪又在阳光照耀下寒光闪闪,正给人以"浮"的感觉,我国甚至有终年积雪的高山。

江　雪

【唐】柳宗元

千山鸟飞绝,

万径人踪灭。

孤舟蓑笠翁,

独钓寒江雪。

用具体而细致的手法来摹写背景,用远距离画面来描写主要形象,精雕细琢和极度的夸张概括,错综地统一在一首诗里,是这首山水小诗独有的艺术特色。

别董大二首·其一

【唐】高适

千里黄云白日曛，

北风吹雁雪纷纷。

莫愁前路无知己，

天下谁人不识君？

日暮黄昏，且又大雪纷飞，于北风狂吹中，唯见遥空断雁，出没寒云，使人难禁日暮天寒、游子何之之感。

最爱东山晴后雪·其一

【南宋】杨万里

只知逐胜忽忘寒，

小立春风夕照间。

最爱东山晴后雪，

软红光里涌银山。

"软"字写出白雪映照下的夕阳红光，是那么的柔和细微，赋予夕阳光芒以形象的触觉，写出了夕阳的无限美好；另一个"涌"字则把白雪覆盖的群山在夕阳之下闪耀光芒，在视觉上产生向自己涌动而来的动态感描绘出来，有化静为动的奇功。

最爱东山晴后雪·其二

【南宋】杨万里

群山雪不到新晴，

多作泥融少作冰。

最爱东山晴后雪，

却愁宜看不宜登。

"宜看不宜登"，可以远观而不可登攀近赏，对于作者来说却是十分失望的，而且其中又隐含着对白雪消融掉的可惜。

沁园春·雪

【现代】毛泽东

北国风光，千里冰封，万里雪飘。

望长城内外，惟余莽莽；

大河上下，顿失滔滔。

山舞银蛇，原驰蜡象，欲与天公试比高。

江山如此多娇，引无数英雄竞折腰。

惜秦皇汉武，略输文采；

须晴日,看红装素裹,分外妖娆。

唐宗宋祖,稍逊风骚。

一代天骄,成吉思汗,只识弯弓射大雕。

俱往矣,数风流人物,还看今朝。

突出了诗人对北方雪景的感受印象,而且造境独到优雅,可以冠结全篇。

夜　雪

【唐】白居易

已讶衾枕冷,

复见窗户明。

夜深知雪重,

时闻折竹声。

竹枝不胜雪压而折断,故知雪大。雪压是很大的,南方雪湿,雪压更大。据测算,宁波 10 年一遇的大雪雪压大约为 200 N/m^2,而 50 年一遇的大雪雪压大约为 300 N/m^2。

绝　句

【唐】杜甫

两个黄鹂鸣翠柳,

一行白鹭上青天。

窗含西岭千秋雪,

门泊东吴万里船。

"西岭",即成都西南的岷山,其雪常年不化,故云"千秋雪"。"东吴",三国时孙权在今江苏南京定都建国,国号为吴,也称东吴。这里借指长江下游的江南地区。"千秋雪"言时间之久,"万里船"言空间之广。

逢雪宿芙蓉山主人

【唐】刘长卿

日暮苍山远,

天寒白屋贫。

柴门闻犬吠,

风雪夜归人。

这里只写"闻犬吠",可能因为这是最先打破静夜之声,也是最先入耳之声,而实际听到的当然不只是犬吠声,应当还有风雪声、叩门声、柴门启闭声、家人回答声,等等。这些声音交织成一片,尽管借宿之人不在院内,未曾目睹,但从这一片嘈杂的声音足以构想出一幅风雪人归的画面。

雪梅·其一

【宋】卢梅坡

梅雪争春未肯降，

骚人搁笔费评章。

梅须逊雪三分白，

雪却输梅一段香。

梅雪争春，即梅与雪争论谁更美。但双方都不服输。究竟二者高下如何，诗人也难以评判，只好放下笔来。为什么呢？梅花虽然差于雪的三分洁白，雪却输于梅花的那一段香气。

青　松

【现代】陈毅

大雪压青松，

青松挺且直。

要知松高洁，

待到雪化时。

把松放在一个严酷的环境中，一种近乎剑拔弩张的气氛中，从中我们看到了雪的暴虐，也感受到了松的抗争，一压一挺两个掷地有声的动词，把青松那种坚忍不拔、宁折不弯的刚直与豪迈写得惊心动魄。

和子由渑池怀旧

【北宋】苏轼

人生到处知何似，应似飞鸿踏雪泥。

泥上偶然留指爪，鸿飞那复计东西。

老僧已死成新塔，坏壁无由见旧题。

往日崎岖还记否，路长人困蹇驴嘶。

鸿爪留印属偶然，鸿飞东西乃自然。偶然故无常，人生如此，世事亦如此。他用巧妙的比喻，把人生看作漫长的征途，所到之处，诸如曾在渑池住宿、题壁之类，就像万里飞鸿偶然在雪泥上留下爪痕，接着就又飞走了；前程远大，这里并非终点。人生的遭遇既为偶然，则当以顺适自然的态度去对待人生。果能如此，怀旧便可少些感伤，处世亦可少些烦恼。

行路难·其一

【唐】李白

金樽清酒斗十千，玉盘珍羞直万钱。

停杯投箸不能食，拔剑四顾心茫然。

欲渡黄河冰塞川，将登太行雪满山。

闲来垂钓碧溪上，忽复乘舟梦日边。

行路难！行路难！多歧路，今安在？

长风破浪会有时，直挂云帆济沧海。

"冰塞川""雪满山"象征人生道路上的艰难险阻，具有比兴的意味。一个怀有伟大政治抱负的人物，在受诏入京、有幸接近皇帝的时候，皇帝却不能任用，被"赐金还山"，变相撵出了长安，这不正像遇到冰塞黄河、雪拥太行吗！

念奴娇·赤壁怀古

【北宋】苏轼

大江东去，浪淘尽，千古风流人物。

故垒西边，人道是：三国周郎赤壁。

乱石穿空，惊涛拍岸，卷起千堆雪。

江山如画，一时多少豪杰。

遥想公瑾当年，小乔初嫁了，雄姿英发。

羽扇纶巾，谈笑间樯橹灰飞烟灭。

故国神游，多情应笑我，早生华发。

人生如梦，一尊还酹江月。

陡峭的山崖散乱地高插云霄，汹涌的骇浪猛烈地搏击着江岸，滔滔的江流卷起千万堆澎湃的雪浪。这种从不同角度而又诉诸不同感觉的浓墨健笔的生动描写，一扫平庸萎靡的气氛，把读者顿时带进一个奔马轰雷、惊心动魄的奇险境界，使人心胸为之开阔，精神为之振奋。

长相思·山一程

【清】纳兰性德

山一程，水一程，

身向榆关那畔行，夜深千帐灯。

风一更，雪一更，

聒碎乡心梦不成，故园无此声。

"更"是旧时夜间计时单位，一夜分为五更。"一更"二字反复出现，突出了塞外席地狂风、铺天暴雪、杂错交替扑打着帐篷的情况。

晚　春

【唐】韩愈

草树知春不久归，

百般红紫斗芳菲。

> 杨花榆荚无才思，
>
> **惟解漫天作雪飞。**

诗人全用拟人手法，糅人与花于一体，不说人之惜春，而说草树亦知春将不久，因而百花争艳，各呈芳菲。凑热闹的还有朴素无华的杨花榆荚，像飞雪一般漫天遍野地飘舞。人言草木无情，诗偏说它们有知，能"知"能"解"还能"斗"，而且还有"才思"高下有无之分。想象之奇，实为诗中所罕见。这是此诗明白有趣之处，堪称平中翻新，颇富奇趣。

水调歌头·和庞佑父

【南宋】张孝祥

雪洗虏尘静，风约楚云留。

何人为写悲壮，吹角古城楼。

湖海平生豪气，关塞如今风景，剪烛看吴钩。

剩喜燃犀处，骇浪与天浮。

忆当年，周与谢，富春秋。

小乔初嫁，香囊未解，勋业故优游。

赤壁矶头落照，肥水桥边衰草，渺渺唤人愁。

我欲乘风去，击楫誓中流。

全词闪耀着时代的光彩，将历史人物和历史事实融入词中，自然贴切，舒卷自如。词人壮怀激烈，忧国情深，是一首洋溢着胜利喜悦抒发爱国激情的壮词。

早　梅

【唐】张谓

一树寒梅白玉条，

迥临村路傍溪桥。

不知近水花先发，

疑是经冬雪未销。

用一"疑"字，更为传神，它将诗人那时的惊喜之情渲染得淋漓尽致，似乎诗人并不敢相信自己的眼睛所看到的是梅花，而怀疑是不是未融化的冬雪重压枝头。这就与首句的"白玉条"紧密呼应，喻比出梅花的洁白和凛然不屈的形象和品格。

岁　暮

【南北朝】谢灵运

殷忧不能寐，苦此夜难颓。

明月照积雪，朔风劲且哀。

运往无淹物，年逝觉已催。

　　积雪的白,本就给人以寒凛之感,再加以明月的照映,雪光与月光相互激射,更透出一种清冷寒冽的青白色光彩,给人以高旷森寒的感受。这是一种典型的阴刚之美。

春　雪

【唐】刘方平

飞雪带春风,

徘徊乱绕空。

君看似花处,

偏在洛城中。

　　通过描写一场突如其来的春雪,侧面写出了富人们在屋内赏雪以美酒相伴,穷人们却在雪天流落街头,形成鲜明对比。诗人用曲折的笔法,讽刺了那班达官贵人只图自己享乐,忘了广大地区人民的贫困。

嘲王历阳不肯饮酒

【唐】李白

地白风色寒,雪花大如手。

笑杀陶渊明,不饮杯中酒。

浪抚一张琴,虚栽五株柳。

空负头上巾,吾于尔何有?

　　酒,历来是文人墨客的情感寄托,诗人尤甚,李白更是以"斗酒诗百篇"名扬天下,他常以甘醇可口的美酒为寄托,做了大量的反映心理情绪的诗。"浪""虚""空"三字用得巧妙,传达出嘲讽及激将之意,充分显示了李白的冲天豪气。

对　雪

【唐】杜甫

战哭多新鬼,愁吟独老翁。

乱云低薄暮,急雪舞回风。

瓢弃樽无绿,炉存火似红。

数州消息断,愁坐正书空。

　　先写黄昏时的乱云,次写旋风中乱转的急雪。这样就分出层次,显出题中那个"对"字,暗示诗人独坐斗室,反复愁吟,从乱云欲雪一直待到急雪回风,满怀愁绪,仿佛和严寒的天气交织融化在一起了。

鹧鸪天·雪照山城玉指寒

【金】刘著

雪照山城玉指寒,一声羌管怨楼间。

江南几度梅花发,人在天涯鬓已斑。

星点点,月团团。倒流河汉入杯盘。

翰林风月三千首,寄与吴姬忍泪看。

山城当指南方某地,作者与情人分离之处。"雪照"可见是冬日。"玉指寒"一语双关,既表天气之寒,又示分离的凄清寒意。

古从军行

【唐】李颀

白日登山望烽火,黄昏饮马傍交河。

行人刁斗风沙暗,公主琵琶幽怨多。

野云万里无城郭,雨雪纷纷连大漠。

胡雁哀鸣夜夜飞,胡儿眼泪双双落。

闻道玉门犹被遮,应将性命逐轻车。

年年战骨埋荒外,空见蒲桃入汉家。

军营所在,四顾荒野,无城郭可依,"万里"极言其辽阔;雨雪纷纷,以至与大漠相连,其凄冷酷寒的情状亦可想见。

5.4 云和雾

云的姿态千变万化,有的如万马奔腾,有的如流水飞瀑,有的如笔墨勾勒,能极大激发出诗人的创作灵感。而雾扑朔迷离,特别是江面、湖面上的雾更易使人诗兴大发。

终南别业

【唐】王维

中岁颇好道,晚家南山陲。

兴来每独往,胜事空自知。

行到水穷处,坐看云起时。

偶然值林叟,谈笑无还期。

在山间信步闲走,不知不觉中,已到了溪水尽头,似乎再无路可走,但诗人却感到眼前一片开阔,于是,索性坐下,看天上的风起云涌。一切是那样地自然,山间流水、白云,无不引发作者无尽的兴致,足见其悠闲自在。

早发白帝城

【唐】李白

朝辞白帝彩云间,

千里江陵一日还。

两岸猿声啼不住,

轻舟已过万重山。

　　"彩云间"三字,描写白帝城地势之高,也是写早晨景色,显示出从晦暝转为光明的大好气象,而诗人便在这曙光初灿的时刻,怀着兴奋的心情匆匆告别白帝城。

登飞来峰

【北宋】王安石

飞来山上千寻塔,

闻说鸡鸣见日升。

不畏浮云遮望眼,

自缘身在最高层。

　　巧妙地虚写出在高塔上看到的旭日东升的辉煌景象,表现了诗人朝气蓬勃、胸怀改革大志、对前途充满信心,成为全诗感情色彩的基调。

雁门太守行

【唐】李贺

黑云压城城欲摧,甲光向日金鳞开。

角声满天秋色里,塞上燕脂凝夜紫。

半卷红旗临易水,霜重鼓寒声不起。

报君黄金台上意,提携玉龙为君死!

　　一个"压"字,把敌军人马众多,来势凶猛,以及交战双方力量悬殊、守军将士处境艰难等,淋漓尽致地揭示出来。

活水亭观书有感二首·其一

【南宋】朱熹

半亩方塘一鉴开,

天光云影共徘徊。

问渠那得清如许?

为有源头活水来。

"半亩方塘"像一面镜子那样打开了。"半亩方塘"虽然不算大,但它却像一面镜子那样地澄澈明净,"天光云影"都被它反映出来了。闪耀浮动,情态毕见。作为一种景物的描写,这也可以说是写得十分生动的。

独坐敬亭山

【唐】李白

众鸟高飞尽,

孤云独去闲。

相看两不厌,

只有敬亭山。

天上几只鸟儿高飞远去,直至无影无踪;寥廓的长空还有一片白云,却也不愿停留,慢慢地越飘越远,似乎世间万物都在厌弃诗人。

一剪梅·红藕香残玉簟秋

【北宋】李清照

红藕香残玉簟秋,轻解罗裳,独上兰舟。

云中谁寄锦书来？雁字回时,月满西楼。

花自飘零水自流,一种相思,两处闲愁。

此情无计可消除,才下眉头,却上心头。

词人因惦念游子行踪,盼望锦书到达,遂从遥望云空引出雁足传书的遐想。而这一望断天涯、神驰象外的情思和遐想,不分白日或月夜,也无论在舟上或楼中,都是萦绕于词人心头的。

关　山　月

【唐】李白

明月出天山,苍茫云海间。

长风几万里,吹度玉门关。

汉下白登道,胡窥青海湾。

由来征战地,不见有人还。

戍客望边色,思归多苦颜。

高楼当此夜,叹息未应闲。

开头四句,可以说是一幅包含着关、山、月三种因素在内的辽阔的边塞图景。表面上似乎只是写了自然景象,但只要设身处地体会这是征人东望所见,那种怀念乡土的情绪就很容易感觉到了。

望洞庭湖赠张丞相

【唐】孟浩然

八月湖水平，涵虚混太清。

气蒸云梦泽，波撼岳阳城。

欲济无舟楫，端居耻圣明。

坐观垂钓者，徒有羡鱼情。

写湖的广阔，目光由远而近，从湖面写到湖中倒映的景物：笼罩在湖上的水气蒸腾，吞没了云、梦二泽，"云、梦"是古代两个湖泽的名称，据说云泽在江北，梦泽在江南，后来大部分都淤成陆地。

黄　鹤　楼

【唐】崔颢

昔人已乘黄鹤去，此地空余黄鹤楼。

黄鹤一去不复返，白云千载空悠悠。

晴川历历汉阳树，芳草萋萋鹦鹉洲。

日暮乡关何处是？烟波江上使人愁。

感叹"黄鹤一去不复返"的抒情中，描绘了黄鹤楼的远景，表现了此楼耸入天际、白云缭绕的壮观。

从军行七首·其四

【唐】王昌龄

青海长云暗雪山，

孤城遥望玉门关。

黄沙百战穿金甲，

不破楼兰终不还。

次第展现的广阔地域的画面：青海湖上空，长云弥漫；湖的北面，横亘着绵延千里的隐隐的雪山；越过雪山，是矗立在河西走廊荒漠中的一座孤城；再往西，就是和孤城遥遥相对的军事要塞——玉门关。这幅集中了东西数千里广阔地域的长卷，就是当时西北边戍边将士生活、战斗的典型环境。

登金陵凤凰台

【唐】李白

凤凰台上凤凰游，凤去台空江自流。

吴宫花草埋幽径，晋代衣冠成古丘。

三山半落青天外，二水中分白鹭洲。

总为浮云能蔽日，长安不见使人愁。

长安是朝廷的所在,日是帝王的象征。这两句诗暗示皇帝被奸邪包围,而自己报国无门,他的心情是十分沉痛的。"不见长安"暗点诗题的"登"字,触境生愁,意寓言外,饶有余味。

襄邑道中

【南宋】陈与义

飞花两岸照船红,

百里榆堤半日风。

卧看满天云不动,

不知云与我俱东。

作者明知船行甚速,如果天上的"云"真的不动,那么在"卧看"之时就应像"榆堤"那样不断后移。于是,作者恍然大悟:原来天上的云和自己一样朝东方前进。

和晋陵陆丞早春游望

【唐】杜审言

独有宦游人,偏惊物候新。

云霞出海曙,梅柳渡江春。

淑气催黄鸟,晴光转绿蘋。

忽闻歌古调,归思欲沾巾。

江南水乡近海,春风春水都暖,并且多云。所以诗人突出地写江南的新春是与太阳一起从东方的大海升临人间的,像曙光一样映照着满天云霞。

赠 花 卿

【唐】杜甫

锦城丝管日纷纷,

半入江风半入云。

此曲只应天上有,

人间能得几回闻?

那悠扬动听的乐曲,从花卿家的宴席上飞出,随风荡漾在锦江上,冉冉飘入蓝天白云间,读者能真切地感受到了乐曲的那种"行云流水"般的美妙。两个"半"字空灵活脱,给全诗增添了不少的情趣。

终 南 山

【唐】王维

太乙近天都,连山接海隅。

白云回望合,青霭入看无。

分野中峰变,阴晴众壑殊。

欲投人处宿,隔水问樵夫。

诗人身在终南山中,朝前看,白云弥漫,看不见路,也看不见其他景物,仿佛再走几步,就可以浮游于白云的海洋;然而继续前进,白云却继续分向两边,可望而不可即;回头看,分向两边的白云又合拢来,汇成茫茫云海。这种奇妙的境界,凡有游山经验的人都并不陌生,而王维却能够只用五个字就表现得如此真切。

江　汉

【唐】杜　甫

江汉思归客,乾坤一腐儒。

片云天共远,永夜月同孤。

落日心犹壮,秋风病欲苏。

古来存老马,不必取长途。

字面上写的是诗人所看到的片云孤月,实际上是用它们暗喻诗人自己。诗人把内在的感情融入外在的景物当中,感慨自己虽然四处飘零,但对国家的忠心却依然像孤月般皎洁。

长相思·游西湖

【北宋】康与之

南高峰,北高峰,一片湖光烟霭中。 春来愁杀侬。

郎意浓,妾意浓,油壁车轻郎马骢。 相逢九里松。

湖上的一片景色都笼罩在轻纱似的云烟里面。

醉花阴·九日

【宋】李清照

薄雾浓云愁永昼,瑞脑销金兽。

佳节又重阳,玉枕纱厨,半夜凉初透。

东篱把酒黄昏后,有暗香盈袖。

莫道不销魂,帘卷西风,人比黄花瘦。

稀薄的雾气,浓厚的云层,夹带西风,天气这样阴暗,使人整天愁闷。

5.5　时　令

春季生机盎然、夏季炎炎酷日、秋季天高云淡、冬季霜雪满天,这些不同季节的不同景物在诗人笔下都刻画传神、入木三分。

春　日

【南宋】朱熹

胜日寻芳泗水滨,

无边光景一时新。

等闲识得春风面,

万紫千红总是春。

形象地概括了明媚灿烂的春光和愉快的心情,是一首写春游的名篇。

大林寺桃花

【唐】白居易

人间四月芳菲尽,

山寺桃花始盛开。

长恨春归无觅处,

不知转入此中来。

农历四月正值春末夏初,桃花、樱花、玉兰花等春季开出的花朵都凋谢了,但由于寺庙位于高山上,气温比平原地区低,因而桃花此时才盛开。

钱塘湖春行

【唐】白居易

孤山寺北贾亭西,水面初平云脚低。

几处早莺争暖树,谁家新燕啄春泥。

乱花渐欲迷人眼,浅草才能没马蹄。

最爱湖东行不足,绿杨阴里白沙堤。

莺是歌手,它歌唱着江南的旖旎春光;燕是候鸟,春天又从南国飞来,它们富于季节的敏感,成为春天的象征。

游承天望广德湖

【宋】舒坦

桃源二月春风起,是处农华有桃李。

调笑闻声不见人,游人只在华山裏。

华山逋客来何迟,隐隐茶林隔烟水。

满眼相思寄碧云,独立城南望山嘴。

农历二月春暖大地,桃花、李花竞相开放。

惠崇春江晚景二首·其一

【北宋】苏轼

竹外桃花三两枝,

春江水暖鸭先知。

蒌蒿满地芦芽短,

正是河豚欲上时。

隔着疏落的翠竹望去,几枝桃花摇曳身姿,桃竹相衬,红绿掩映,春意格外惹人喜爱;"鸭先知"侧面说明春江水还略带寒意,因而别的动物都还没有感到春天的来临,与首句中的桃花"三两枝"相呼应,点明早春时节。

忆江南·江南好

【唐】白居易

江南好,风景旧曾谙;

日出江花红胜火,春来江水绿如蓝。

能不忆江南?

对江南之"好"进行形象化的演绎,突出渲染江花、江水红绿相映的明艳色彩,给人以光彩夺目的强烈印象。

虞美人·春花秋月何时了

【南唐】李煜

春花秋月何时了,往事知多少?

小楼昨夜又东风,故国不堪回首月明中!

雕栏玉砌应犹在,只是朱颜改。

问君能有几多愁?恰似一江春水向东流。

"春花秋月"人多以美好,作者却殷切企盼它早日"了"却;小楼"东风"带来春天的信息,却反而引起作者"不堪回首"的嗟叹,因为它们都勾发了作者物是人非的怅触,跌衬出他的因居异邦之愁,用以描写由珠围翠绕,烹金馔玉的江南国主一变而为长歌当哭的阶下囚的作者的心境,是真切而又深刻的。

游园不值

【南宋】叶绍翁

应怜屐齿印苍苔,

小扣柴扉久不开。

春色满园关不住,

一枝红杏出墙来。

诗人从一枝盛开的红杏花,领略到满园热闹的春色,感受到满天绚丽的春光,总算是不虚此行了。

己亥杂诗·其五

【清】龚自珍

浩荡离愁白日斜,

吟鞭东指即天涯。

落红不是无情物,

化作春泥更护花。

以荷花为喻,表明自己的心志。这首诗将政治抱负和个人志向融为一体,将抒情和议论有机结合,形象地表达了诗人复杂的情感。

春　望

【唐】杜甫

国破山河在,城春草木深。

感时花溅泪,恨别鸟惊心。

烽火连三月,家书抵万金。

白头搔更短,浑欲不胜簪。

山河依旧,可是国都已经沦陷,城池也在战火中残破不堪了,乱草丛生,林木荒芜。

赋得古原草送别

【唐】白居易

离离原上草,一岁一枯荣。

野火烧不尽,春风吹又生。

远芳侵古道,晴翠接荒城。

又送王孙去,萋萋满别情。

古原草的特性就是具有顽强的生命力,它是斩不尽锄不绝的,只要残存一点根须,来年会更青更长,很快蔓延原野。野火燎原,烈焰可畏,瞬息间,大片枯草被烧得精光。而强调毁灭的力量,毁灭的痛苦,是为着强调再生的力量,再生的欢乐。烈火是能把野草连茎带叶统统"烧尽"的,然而作者偏说它"烧不尽",大有意味。因为烈火再猛,也无奈那深藏地底的根须,一旦春风化雨,野草的生命便会复苏,以迅猛的长势,重新铺盖大地,回答火的凌虐。

初夏偶书

【南宋】张栻

江潭四月梅熟天，

顷刻阴晴递变迁。

扫地焚香清画水，

一窗修竹正森然。

"梅熟"大约也到农历四月末了，梅雨时节，天气阴晴不定。

夏　夜　叹

【唐】杜甫

永日不可暮，炎蒸毒我肠。

安得万里风，飘飘吹我裳。

昊天出华月，茂林延疏光。

仲夏苦夜短，开轩纳微凉。

虚明见纤毫，羽虫亦飞扬。

物情无巨细，自适固其常。

念彼荷戈士，穷年守边疆。

何由一洗濯，执热互相望。

竟夕击刁斗，喧声连万方。

青紫虽被体，不如早还乡。

北城悲笳发，鹳鹤号且翔。

况复烦促倦，激烈思时康。

描写夏天炎热的天气，刻画形象生动，入木三分。炎炎夏季，毒毒日头，即使是日暮时分，也仍似"炎蒸"。

状江南·季夏

【唐】范镇

江南季夏天，

身热汗如泉。

蚊蚋成雷泽，

袈裟作水田。

季夏指农历六月，正是江南三伏酷热期，汗渗如雨下。

岳州夜坐

【唐】张说

炎洲苦三伏，永日卧孤城。

赖此闲庭夜，萧条夜月明。

独歌还太息，幽感见馀声。

江近鹤时叫，山深猿屡鸣。

息心观有欲，弃知返无名。

五十知天命，吾其达此生。

炎洲指岳州，据现在的气温记录，这里7、8月的平均气温超过南京，和武汉、重庆相近，三伏天正是最热的时候。

观 刈 麦

【唐】白居易

田家少闲月，五月人倍忙。

夜来南风起，小麦覆陇黄。

妇姑荷箪食，童稚携壶浆。

相随饷田去，丁壮在南冈。

足蒸暑土气，背灼炎天光。

力尽不知热，但惜夏日长。

复有贫妇人，抱子在其旁。

右手秉遗穗，左臂悬敝筐。

听其相顾言，闻者为悲伤。

家田输税尽，拾此充饥肠。

今我何功德，曾不事农桑。

吏禄三百石，岁晏有余粮。

念此私自愧，尽日不能忘。

双脚受地面热气熏蒸，脊背受炎热的阳光烘烤，包含着作者无限的同情之感与怜悯之意。有"锄禾日当午，汗滴禾下土"之意，"一粥一饭，当思来之不易"。

赤日炎炎似火烧

选自《水浒》

赤日炎炎似火烧，

野田禾稻半枯焦。

农夫心内如汤煮，

公子王孙把扇摇。

从天空写到地上,天上烈日当头,骄阳如火,地上稻禾枯焦,土地干裂。

小　池
【宋】杨万里
　　泉眼无声惜细流,
　　树荫照水爱晴柔。
　　小荷才露尖尖角,
　　早有蜻蜓立上头。

小荷与蜻蜓,一个"才露",一个"早有",以新奇的眼光看待身边的一切,捕捉那稍纵即逝的景物。

晓出净慈寺送林子方·其二
【宋】杨万里
　　毕竟西湖六月中,
　　风光不与四时同。
　　接天莲叶无穷碧,
　　映日荷花别样红。

连天"无穷碧"的荷叶和映日"别样红"的荷花,不仅是春、秋、冬三季所见不到,就是夏季也只在六月中荷花最旺盛的时期才能看到。诗人抓住了这盛夏时特有的景物,概括而又贴切。

采　桑　子
【宋】辛弃疾
　　少年不识愁滋味,爱上层楼。
　　爱上层楼,为赋新词强说愁。
　　而今识尽愁滋味,欲说还休。
　　欲说还休,却道"天凉好个秋"!

秋高气爽,阵阵清凉,好一个清凉的秋天。

九月九日忆山东兄弟
【唐】王维
　　独在异乡为异客,
　　每逢佳节倍思亲。
　　遥知兄弟登高处,
　　遍插茱萸少一人。

天高云淡,重阳节有登高的风俗,登高时佩戴茱萸囊,据说可以避灾。茱萸,又名越椒,一种有香气的植物。

山　行

【唐】杜牧

远上寒山石径斜,

白云生处有人家。

停车坐爱枫林晚,

霜叶红于二月花。

在夕晖晚照下,枫叶流丹,层林如染,真是满山云锦,如烁彩霞,它比江南二月的春花还要火红,还要艳丽。

暮　江　吟

【唐】白居易

一道残阳铺水中,

半江瑟瑟半江红。

可怜九月初三夜,

露似珍珠月似弓。

农历九月初三,寒露节气前后,此时秋意渐浓,露似珍珠,晶莹剔透。

木兰花·拟古决绝词柬友

【清】纳兰性德

人生若只如初见,何事秋风悲画扇。

等闲变却故人心,却道故人心易变。

骊山语罢清宵半,泪雨霖铃终不怨。

何如薄幸锦衣郎,比翼连枝当日愿。

扇子是夏天用来驱走炎热,到了秋天就没人理睬了,古典诗词多用扇子来比喻被冷落的女性。这里是说本应当相亲相爱,但却成了相离相弃。

梅　花

【宋】王安石

墙角数枝梅,

凌寒独自开。

遥知不是雪,

为有暗香来。

这首诗没有描写梅花的枝叶和花朵形态,而是着意写梅花"凌寒独自开"的品格,写它的沁人心脾的"暗香"。这里写的梅花,正是作者人格的化身。

5.6 节气

二十四节气是根据太阳在黄道(即地球绕太阳公转的轨道)上的位置变化而制定的,能反映季节的变化,指导农事活动,影响着千家万户的衣食住行,历代诗人也都不吝笔墨,每个节气都有不少脍炙人口的诗歌。

5.6.1 立春

立春日游苑迎春

【唐】李显

神皋福地三秦邑,玉台金阙九仙家。

寒光犹恋甘泉树,淑景偏临建始花。

彩蝶黄莺未歌舞,梅香柳色已矜夸。

迎春正启流霞席,暂嘱曦轮勿遽斜。

立春日,处冬春之交,万物始复苏,但此时蝴蝶尚未翩翩起舞,黄莺也没施展歌喉,空气中尚有梅香,柳树正处于发芽阶段。

立春偶成

【南宋】张栻

律回岁晚冰霜少,

春到人间草木知。

便觉眼前生意满,

东风吹水绿参差。

首句写出立春的特殊性,在旧岁未尽时已经"律回",抓住冰霜渐少作为春意萌动的表征,写冰霜显得比往年要少;次句写自然界的变化,以拟人笔法写草木发绿,以代替具体的描写,最先告知了春天到来的消息。

5.6.2 雨水

春　雨

【唐】李商隐

怅卧新春白袷衣,白门寥落意多违。

红楼隔雨相望冷,珠箔飘灯独自归。

远路应悲春晼晚,残宵犹得梦依稀。

玉铛缄札何由达,万里云罗一雁飞。

借助飘洒迷蒙的春雨烘托别离的寥落与怅惘,渲染伤春怀远、音书难寄的苦闷,创造出情景交融的艺术境界。

5.6.3　惊蛰

观　田　家

【唐】韦应物

微雨众卉新,一雷惊蛰始。

田家几日闲,耕种从此起。

丁壮俱在野,场圃亦就理。

归来景常晏,饮犊西涧水。

饥劬不自苦,膏泽且为喜。

仓廪物宿储,徭役犹未已。

方惭不耕者,禄食出闾里。

首句从春雨春雷写起,点出春耕。“微雨”二字写春雨,用白描手法,没有细密的描绘“微雨”,而将重点放在“众卉新”三字上,既写出万木逢春雨的欣欣向荣,又表达了诗人的欣喜之情。“一雷惊蛰始”以民间传说“惊蛰”这天雷鸣,而万虫惊动,来写春耕之始。

义雀行和朱评事

【唐】贾岛

玄鸟雄雌俱,春雷惊蛰余。

口衔黄河泥,空即翔天隅。

一夕皆莫归,晓晓遗众雏。

双雀抱仁义,哺食劳劬劬。

雏既逦迤飞,云间声相呼。

燕雀虽微类,感愧诚不殊。

禽贤难自彰,幸得主人书。

春雷惊醒蛰伏在土壤中冬眠的动物,预示着大地回春,雨水增多,但惊蛰前后乍暖乍寒,气温和风的变化都比较大。

5.6.4　春分

春　分　日

【五代宋初】徐铉

仲春初四日,春色正中分。

绿野徘徊月,晴天断续云。

燕飞犹个个,花落已纷纷。

思妇高楼晚,歌声不可闻。

春分日,是春季九十天的中分点,阳光直射赤道,昼夜等长。春分过后,气温回升,南燕北归,水软风轻。

踏　莎　行

【宋】欧阳修

雨霁风光,春分天气。千花百卉争明媚。

画梁新燕一双双,玉笼鹦鹉愁孤睡。

薜荔依墙,霉苔满地。青楼几处歌声丽。

蓦然旧事心上来,无言敛皱眉山翠。

春分时节的风光旖旎,我国大部分地区越冬作物将进入春季生长阶段,百花争艳,燕子北飞。

5.6.5　清明

清　　明

【宋】高菊涧

南北山头多墓田,清明祭扫各纷然。

纸灰飞作白蝴蝶,血泪染成红杜鹃。

日暮狐狸眠冢上,夜归儿女笑灯前,

人生有酒须当醉,一滴何曾到九泉。

清明节是中国传统节日,也是最重要的祭祀节日之一,是祭祖和扫墓的日子。中国汉族传统的清明节大约始于周代,距今已有二千五百多年的历史。

郊行即事

【宋】程　颢

芳草绿野恣行事,春入遥山碧四周;

兴逐乱红穿柳巷,固因流水坐苔矶;

莫辞盏酒十分劝,只恐风花一片红;

况是清明好天气,不妨游衍莫忘归。

古人有"清明时节雨纷纷"的句子,而且根据生活的经验,清明这一天常下雨,程颢所写的清明节是一个晴朗的清明,应该是个难得的好日子。

5.6.6 谷雨

七 言 诗

【清】郑板桥

不风不雨正晴和,翠竹亭亭好节柯。

最爱晚凉佳客至,一壶新茗泡松萝。

几枝新叶萧萧竹,数笔横皴淡淡山。

正好清明连谷雨,一杯香茗坐其间。

谷雨时节,不风不雨,暖阳相伴,与友人品茗竹林下,观赏远处的风景,真是恬淡畅快的生活。

鸳鸯湖棹歌

【清】朱彝尊

屋上鸠鸣谷雨开,

横塘游女荡舟回。

桃花落后蚕齐浴,

竹笋抽时燕便来。

充分描绘了谷雨时节的物候特征,桃花已开过了,竹笋正抽芽,燕子已归来。谷雨过后,雨水增多,利于谷物生长。

5.6.7 立夏

立 夏

【宋】陆游

赤帜插城扉,东君整驾归。

泥新巢燕闹,花尽蜜蜂稀。

槐柳阴初密,帘栊暑尚微。

日斜汤沐罢,熟练试单衣。

立夏时分,万物生长,欣欣向荣,燕子已筑巢,柳树和槐树也已繁茂,天气微热,偶尔可以穿单衣。

5.6.8 小满

归田园四时乐春夏二首·其二

【宋】欧阳修

南风原头吹百草,草木丛深茅舍小。

麦穗初齐稚子娇,桑叶正肥蚕食饱。

老翁但喜岁年熟,饷妇安知时节好。

野棠梨密啼晚莺,海石榴红啭山鸟。

田家此乐知者谁? 我独知之归不早。

乞身当及强健时,顾我蹉跎已衰老。

小满前后,麦类等夏熟作物此时颗粒逐渐开始饱满,还未成熟,但此时桑叶正肥,是蚕的主要生长期。

5.6.9 芒种

北固晚眺

【唐】窦常

水国芒种后,梅天风雨凉。

露蚕开晚簇,江燕绕危樯。

山趾北来固,潮头西去长。

年年此登眺,人事几销亡。

芒种时节,麦类等有芒作物已经成熟,可以收藏种子。芒种过后,即将进入梅雨时节,雨日增多,天气潮湿。

5.6.10 夏至

夏至避暑北池

【唐】韦应物

昼晷已云极,宵漏自此长。

未及施政教,所忧变炎凉。

公门日多暇,是月农稍忙。

高居念田里,苦热安可当。

亭午息群物,独游爱方塘。

门闭阴寂寂,城高树苍苍。

绿筠尚含粉,圆荷始散芳。

于焉洒烦抱,可以对华觞。

诗人自己闲居消夏,本应心情畅快,但心里念着赤日炎炎下忙于农事的老百姓,体现出关心民瘼的民本思想。

夏至日作

【唐】权德舆

璇枢无停运,

四序相错行。

> 寄言赫曦景，
>
> 今日一阴生。

夏至日,太阳直射北回归线。大自然不停地运行,四季交错,虽然夏阳如火,但却意味着阳盛之中也有阴生。

5.6.11　小暑

苦　热

【南宋】陆游

万瓦鳞鳞若火龙,

日车不动汗珠融。

无因羽翮氛埃外,

坐觉蒸炊釜甑中。

自小暑开始,我国大部分地区进入一年中最炎热的季节。太阳毒辣,汗如雨下,仿佛置身于炉火之中。

小暑六月节

【唐】元稹

倏忽温风至,因循小暑来。

竹喧先觉雨,山暗已闻雷。

户牖深青霭,阶庭长绿苔。

鹰鹯新习学,蟋蟀莫相催。

进入盛夏,天气日渐炎热,强对流天气此时也进入高发期,午后常常出现雷电、短时暴雨、雷雨大风、甚至冰雹、龙卷等强对流天气。

5.6.12　大暑

大　暑

【宋】曾几

赤日几时过,清风无处寻。

经书聊枕藉,瓜李漫浮沉。

兰若静复静,茅茨深又深。

炎蒸乃如许,那更惜分阴。

大暑节气正值中伏前后,是我国大部分地区一年中最热的时候,烈日当空,凉风无处寻,酷暑难耐。

销　夏

【唐】白居易

何以销烦暑，端居一院中。

眼前无长物，窗下有清风。

热散由心静，凉生为室空。

此时身自得，难更与人同。

大暑时节，三伏天里，酷热难当，无以消暑，唯有坐在院子里，做到"心静"才能"自然凉"。

5.6.13　立秋

立　秋

【宋】刘翰

乳鸦啼散玉屏空，一枕新凉一扇风。

睡起秋声无觅处，满阶梧桐月明中。

三伏带一秋，还有二十四个秋老虎。

从立秋开始，天气慢慢变得不那么热了，但偶尔也会出现阶段性的高温天气，因此有"秋老虎"一说。

5.6.14　处暑

处暑后风雨

【宋】仇远

疾风驱急雨，残暑扫除空。

因识炎凉态，都来顷刻中。

纸窗嫌有隙，纨扇笑无功。

儿读秋声赋，令人忆醉翁。

处暑，意味着暑气即将结束，自此开始炎热天气随着一场场的秋雨而逐渐消失，凉爽的秋天步步靠近。

5.6.15　白露

南湖晚秋

【唐】白居易

八月白露降，湖中水方老。

旦夕秋风多，衰荷半倾倒。

手攀青枫树，足蹋黄芦草。

惨澹老容颜,冷落秋怀抱。

有兄在淮楚,有弟在蜀道。

万里何时来,烟波白浩浩。

随着气温很快地下降,天气凉爽,湖水也逐渐的凉起来,湖中的荷叶已大都凋谢,这里描绘的正是白露时节的景象。

凉夜有怀

【唐】白居易

清风吹枕席,

白露湿衣裳。

好是相亲夜,

漏迟天气凉。

晚上清凉的北风吹到枕席上,贴近地面的水汽在衣物上凝结,更增添了白露时节的寒意。

5.6.16 秋分

秋 分

佚名

寒暑平和昼夜均,阴阳相半在秋分。

金风送爽时时觉,丹桂飘香处处闻。

雁向南天排汉字,枫由夕照染衣裙。

良辰可惜无卿共,慎把情思托付云。

秋分日,日光直射点回到赤道,昼夜等长。此时正值中秋节前后,清风送爽,丹桂飘香,正是结伴出游的好时节。

秋分后顿凄冷有感

【宋】陆游

今年秋气早,木落不待黄,

蟋蟀当在宇,遽已近我床。

况我老当逝,且复小彷徉。

岂无一樽酒,亦有书在傍。

饮酒读古书,慨然想黄唐。

毫矣狂未除,谁能药膏肓。

头两句描写深秋到来时的景象,这一年的秋天来得早,树叶还没有黄就纷纷落下了,蟋蟀本来应该还在屋檐之下,好像忽然间已接近了我的床边。

5.6.17 寒露

题友生丛竹

【唐】李咸用

菊华寒露浓,兰愁晓霜重。

指佞不长生,蒲萐今无种。

安如植丛篁,他年待栖凤。

大则化龙骑,小可钓璜用。

留烟伴独醒,回阴冷闲梦。

何妨积雪凌,但为清风动。

乃知子猷心,不与常人共。

此时气温进一步下降,天气更冷,露水有深深寒意,菊花正竞相开放。

5.6.18 霜降

泊舟盱眙

【唐】常建

泊舟淮水次,霜降夕流清。

夜久潮侵岸,天寒月近城。

平沙依雁宿,候馆听鸡鸣。

乡国云霄外,谁堪羁旅情。

霜降时节,寒意渐浓,此时除常绿植物外树木已开始落叶、草地逐渐萎黄,北风萧瑟、草木凋零的景色逐步呈现在眼前。

5.6.19 立冬

立 冬

【唐】李白

冻笔新诗懒写,

寒炉美酒时温。

醉看墨花月白,

恍疑雪满前村。

立冬之夜,天气寒冷,笔墨都冻凉了,诗人只好与炉火琼浆相伴,微醉中竟将一地月光当成了雪迹。

立冬前后大雷电

【元】方夔

云如车炮低压城,红光闪电枉矢行。

老龙偷出牛蹄泓,霹雳数声惊窈冥。

雨下如注翻四溟,黑风出落鱼鲔腥。

蚯蚓奋角蛇怒鳞,穴居林处无潜行。

小臣飞笺奏天廷,速收阿香加诛刑。

夜阑景霁百怪停,炯炯北极环众星。

立冬前后一般来说天气比较稳定,少有雷电、短时暴雨等强对流天气,但也有例外的时候。

5.6.20　小雪

小　雪

【唐】李咸用

散漫阴风里,天涯不可收。

压松犹未得,扑石暂能留。

阁静萦吟思,途长拂旅愁。

崆峒山北面,早想玉成丘。

北方冷空气势力增强,出现降雪,但此时雪量小、次数不多。细细的雪花飘散在北风中,积雪量尚不能压住松枝,但落在石头上还是能留住的,这两句将小雪的场景描写得惟妙惟肖。

5.6.21　大雪

大　雪

【当代】吴藕汀

石榴开裂已将残,

尚有余花供静观。

大雪天时记年少,

新蔬根荭未登盘。

大雪节气前后,石榴果实已熟透开裂,只有残花挂在枝头,在生产和交通运输不太发达的年代,由于大雪和道路结冰往往造成蔬菜瓜果供应的短缺。

5.6.22　冬至

小　　至

【唐】杜甫

天时人事日相催,冬至阳生春又来。

刺绣五纹添弱线,吹葭六管动飞灰。

岸容待腊将舒柳,山意冲寒欲放梅。

云物不殊乡国异,教儿且覆掌中杯。

描写冬至前后的时令变化,不仅用刺绣添线写出了白昼增长,还用河边柳树即将泛绿,山上梅花冲寒欲放,生动地写出了冬天里孕育着春天的景象。

5.6.23　小寒

驻舆遣人寻访后山陈德方家

【北宋】黄庭坚

江雨蒙蒙作小寒,

雪飘五老发毛斑。

城中咫尺云横栈,

独立前山望后山。

小寒节气后,天气逐渐开始寒冷,雨雪冰冻天气也逐渐增多,特别是海拔高的山区,经常飘雪,远看山顶白雪像白发老人,故"雪飘五老发毛斑"。

5.6.24　大寒

大　寒　吟

【宋】邵雍

旧雪未及消,新雪又拥户。

阶前冻银床,檐头冰钟乳。

清日无光辉,烈风正号怒。

人口各有舌,言语不能吐。

大寒前后是一年中最寒冷的时候。旧雪未来得及消融,往往又迎来新一轮的降雪,屋檐上挂着长长的冰柱,北风怒号,太阳照在身上也没有温暖的感觉,正是这一节气的真实写照。

第6章 谚语篇

6.1 谚语

谚语是流传在群众中间的固定语句,用简单通俗的话反映出深刻的道理。在科学尚未发达的历史时期,从事渔、猎、农、牧等行业的劳动人民为了生存和安全,他们必须经常观察日月星辰等天象以及风、云、雷、雨等自然现象来预测天气的变化,长年累月的积累,形成了很多气象谚语,具有简明、易懂、易记等特点。气象谚语种类繁多,有根据天气现象来预测天气的,有云的谚语,有风的谚语,还有雷电、霞、虹、晕、雾等的谚语。从现代科学的角度,宁波民间很多气象谚语都得到了验证,有一定的科学道理。正确掌握和运用这些谚语,对防灾增产有一定的作用,但部分谚语有一定的地域性,有些语气上说得过"硬"、过"绝对",使用时需要根据当地气候情况加以分析并灵活掌握运用。

6.1.1 天气现象谚语

大自然中的某些天气现象,如春季天气多变、夏季多雷雨等,在谚语中早有反映,也大都能用现代天气学的理论进行解释,包涵了一定的科学道理。

【白露身勿露,免得着凉和泻肚】白露是秋天的第三个节气,表征天气已经转凉,昼夜温差可达十多度,一早一晚更添几分凉意。如果这时候再赤膊露体,就容易受凉感冒或导致旧病复发。体质虚弱、患有胃病或慢性肺部疾患的人更要做到早晚添衣,睡觉莫贪凉。

【春天孩儿面,一天变三变】春天天气变化多端,一会儿晴天,一会儿阴天,一会儿下雨,一会儿刮风,就像小孩子一样,哭笑无常。这主要是春天到来后,南方暖气团逐渐向北推进,这种暖湿空气只要有机会抬升,就会成云致雨。可是这时北方冷空气势力仍然很强盛,冷暖空气经常发生冲突,就产生了多变的天气。

【夏雨隔牛背,鸟湿半边翅】【雷雨隔墙弄】此句民谚形容的是盛夏季节出现的分布不均、历时短暂的雷阵雨,并称呼这种雨为"牛背雨"。原来夏季的雷阵雨是由于地面温度过高,产生强烈的对流作用形成雷雨云后产生的。雷雨云移动到哪里,雨就下在哪里。雷雨云有多大范围,雨就下多大范围。因此,夏季经常出现路东乌云滚滚,路西却艳阳高照,这面坡风狂雨猛,那面坡却风和日丽等现象。

【一场春雨一场暖,一场秋雨一场凉】春雨来临时,太阳直射点由赤道向北回归线移动,暖湿气流势力变强,冷空气势力减弱,暖湿气流慢慢进入内陆,冷空气渐渐退出,随着暖湿气流越来越占主导地位,气温会越来越高,因此,一场春雨一场暖;秋雨来临时,太阳直射点由赤道向南回归线移动,冷空气势力变强,暖湿气流势力减弱,冷空气进入内陆,暖湿气流渐渐退出,随着冷空气占主导地位,气温会越来越低,因此一场秋雨一场凉。

【下雪不冷化雪冷】下雪时不冷化雪时冷,这是许多人知道的自然现象。正如中学时物理老师所讲的,下雪时水汽凝结为雪花,要释放出一定的热量,这就使得天气并不是很冷;但化雪时水由固态变成液态,吸收空气中的热量,使气温降低。这话有一定的道理,但从气象学的角度讲,这一自然现象的形成,还有另一方面的重要原因,那就是受降雪前后冷暖气流的影响。下雪时不冷,主要是因为在冬季下雪前或下雪时,暖湿空气活跃,高空吹西南风,天气有些转暖,冷暖空气相遇,水汽凝结降落到了地面,形成了降雪。而降雪结束后,天气转晴,一般都伴随着冷空气南下,高空转为偏北风,地面受冷气团控制,气温自然要下降。因此,积雪融化时天气反而比下雪时冷。

【久晴大雾必阴,久雨大雾必晴】天气晴了很久,空气干燥,一般不易形成大雾,如果出现了大雾,表明有暖而湿的空气从外地流入,只要等北方冷空气南下,就会转阴雨,所以有"久晴大雾必阴"的说法。相反,如果阴雨天气维持了很久之后,突然出现大雾,这是雨后夜间转晴由于辐射冷却而出现的雾,雾消散后,便是晴天,所以有"久雨大雾必晴"之说。

【热生风,冷生云】风是由于气压分布不均匀,有的地方气压高,有的地方气压低,气压高的一方空气就向气压低的一方流去,这样就生成了风。气压分布不均匀是因为有些地方受热厉害,空气膨胀变轻、气压变低,有些地方受热少,空气膨胀不厉害,空气密度大,气压就高。所以说热生风是有道理的。云的生成要有一个非常重要的条件,就是使空气中水汽达到过饱和状态,只有使空气中水汽达到过饱和状态才有多余水汽凝结成水滴。要使空气中水汽达到过饱和状态,光靠蒸发作用增大空气中水汽一般情况下是不可能达到的,即使可能达到最多也只能在江、河、湖、海面上形成蒸汽雾。大范围的云一般都是由于空气在某种外力因素作用下被抬升变冷,使空气本身能容纳水汽的本领变小,使多余水汽凝结成水滴而形成云,或者是由于冷暖空气掺和使暖空气变冷,水汽达到饱和,凝结成水滴而形成云。不管是前一种情况,还是后一种情况都离不了冷却作用,冷生云正是反映了这个道理。

【雪下高山,霜打洼地】气温的垂直分布情况一般是高度越高,气温越低,平均而言高度每上升 1 km 气温下降 6℃,即每百米下降 0.6℃。由于这个原因,当地面气温还在0℃以上时,高山上气温已经在0℃或0℃以下了。如果下雪时近地面气温在2℃以上,那么雪花在降落过程中会逐渐融化,到地面时早已成为雨而不是雪,但是此时高山上的气温却早已在零度以下,雪降落在高山上之前尚未能融化,因此高山上仍然下雪。也就是说在冬天如果地面上下雪,高山上肯定下雪,而地面上不下雪,高山上也有可能会下雪。空气越冷,密度越大,比重越重,而空气是一个流体,冷空气往低处流,这样最冷、最重的空气就会往最低处流动,也就在洼地停留积聚。因此,洼地也就较一般的地方容易形成霜。

【瑞雪兆丰年】当年的大雪一方面给来年的播种带来了水源,另一方面,大雪覆盖可以杀死很多越冬的害虫,对来年的庄稼大有好处。

【冬至月头,买被卖牛;冬至月尾,买牛卖被】冬至,有的年份在农历月头,有的年份在农历月尾。冬至在月头,这样就有农历十一月和十二月两个月的寒冷天气,故要卖牛买被子。而冬至在月尾,寒冷的天气只有一个月,因此可以卖掉被子买牛。

【三丰四歉梅里补】"丰"与"歉"是指雨水的多与少,表明农历三、四、五月的雨量存在一定的相关性。若三月雨水偏多,那么四月雨水就可能偏少,但到五月的梅雨又会偏多。这可能是暖湿气流的季节变化规律所造成的,类似的谚语还有"发尽桃花水,必是旱黄梅"。但不是每年都是如此,下面这条亦然。

【八月十五云遮月,正月十五雪打灯】【云罩中秋月,雨打上元灯】反映了节日天气之间的呼应关系。"云遮月"和"雪打灯",表面看是云和雪的呼应现象,实质上是两次冷空气活动的呼应关系。也就是说,中秋节前后如果有冷空气活动,造成了"云遮月"的现象。那么,元宵节前后又会有冷空气入侵,形成"雪打灯"的局面。另外,"干净冬至邋遢年"指冬至晴好,春节时雨雪就多;冬至雨雪,春节就是晴好天气,其反映的也是这样一个现象。相距150天的两个节日的天气为什么会有相互关系呢?原来,这是大气韵律活动的一种表现。地球的大气,好比一个大型的乐队,风、云、雨、雪、雷、电、雾、霜就好像这个乐队演奏出音色丰富的乐章。许多研究工作表明,在各种物理因素的共同作用下,大气演奏的这部大型乐章也表现出有一定的"节奏感"。就是说,某种天气过程,某个时刻表现得比较明显,在一定条件下,经过一段时间之后,又重新明显起来,或因季节不同而以其他形式表现出来,就像乐曲里的节拍一样,表面上看不出它们之间直接的演变关系,实际上却是有一定的联系。气候学中把这种大气中存在的内在的联系就叫大气的韵律活动。当然,大气的韵律活动是一个很复杂的问题,它的成因、条件、表现等许多方面,还没有搞得很清楚,这种规律性也不是在每个地方、每个年份都能够对应得上。此句谚语与"八月十五晴,正月十五看龙灯"意思相同。

【冬冷勿算冷,春冷冻煞犊(小牛)】冬季冷,但空气干燥,人们已感觉习惯了。而春季一般暖和,如果有强冷空气南下,短时间内剧烈降温,人体一时就不能适应,因而有特别寒冷之感。

6.1.2　看云测天谚语

云的种类繁多,按云底高度可分为低云、中云和高云。低云包括层积云、层云、雨层云、积云、积雨云五属(类),云底高度通常在 2500 m 以下。中云包括高层云和高积云两属(类),云底高度在 2000～6000 m。高云包括卷云、卷层云、卷积云三属(类),云底高度通常高于 6000 m。

云的生成、外形特征、量的多少、分布及其演变,不仅反映了当时大气的运动、稳定程度和水汽状况等,而且也是预示未来天气变化的重要征兆之一。正确观测、分析云的变化,是了解认识大气物理状况,掌握天气变化规律的一个重要因素。如大量的高云出现,常常与大范围的天气系统有密切联系;夏季积云状高积云的出现常是雷雨天气的前兆。宁波民间,很早就有许多有关云的天气谚语,作为观测云和预报天气的依据。

钩卷云——【天上钩钩云,地上雨淋淋】【天上云像犁,地上雨淋泥】天空有时出现一丝丝洁白耀眼、像羽毛或马尾一样的云,云的一头带个状如标点符号的逗号,这就是谚语所说的钩钩云。钩钩云在气象学上叫钩卷云,出现在离地面 5～6 km 的高空,这时高空气层不稳定,它由上升的暖湿空气形成。一般气流上升的地方,气压都比四周低,所以容易出现云,天气常常阴沉多雨。但是当出现钩卷云时,本地还不是处在低气压的中心部位,而是在低气压中心的前部,所以天上出现钩卷云,表明不久将有阴沉多雨的天气要移过来。

积雨云——【天有铁砧云,地下雨淋淋】积雨云出现时,常有阵雨、大风和雷电现象,又名雷雨云。这种云的顶部由冰晶构成,呈白色并发亮,常有丝一般的光泽;中部由冰晶和水滴混合组成,颜色灰白;下部全是水滴,呈灰色或黑灰色。积雨云的顶部被高空风吹往的那一边,便是雷雨移去的方向。如果云顶发黄,雷声沉闷,像飞机轰鸣,这种情况还可能下冰雹。

絮状高积云——【棉花云,雨快临】【朝有棉絮云,下午雷雨鸣】夏天晴空中有时出现如棉絮的云,其大小不等、高低不一,气象上称为絮状高积云。它是在 3～5 km 的高空,潮湿空气层极不稳定的条件下形成的。到下午因地面受热,低层大气也处于不稳定状态,于是整个空气层上下均是极不稳定状态,伴随这种云将出现打雷下雨的积雨云。故这种"棉絮云"在夏天的早晨出现,可以预知午后将有雷雨。

透光高积云——【天上鱼鳞斑,晒谷不用翻】【瓦块云,晒煞人】【天上鲤鱼斑,明日晒谷勿用翻】一般在三四千米的高空出现,由许多灰白色的小云块有规律地排列而成。透光高积云整个云层比较薄,中心稍厚,看上去中心灰暗,边缘较薄而明亮,一明一暗宛如鱼鳞,也有的似瓦块。这种云多出现在大气比较稳定的高压控制下,是在中空逆温层下形成的云,是晴天的征兆。

淡积云——【馒头云,天气晴】【馒头云,晒煞人】淡积云属于低云,其形状像馒头,天空中出现这种云时一般都是晴好的天气。但夏季,淡积云在午后对流旺盛时会发展成为浓积云或积雨云,出现雷阵雨天气。

碎雨云——【满天乱飞云,雨雪下不停】天上的云以肉眼观察显得很乱的是碎雨云,如果遇冷就会下雪,所以讲满天乱云飞,雨雪下不停。

荚状高积云——【天上豆荚云,地下晒煞人】其云体扁平,边缘截然分明,形如豆荚,人们常称为"豆荚云"。这种云常于下午至傍晚,在天边出现几片。它是在局部上升气流和下沉气流的汇合处形成的,并孤立地存在,表明大气没有剧烈的扰动,因此天气稳定少变,是连续晴天的预兆。

堡状高积云或堡状层积云——【炮台云,雨淋淋】多出现在低压槽前,表示空气不稳定,一般隔8~10 h有雷雨降临。

雨层云——【天上灰布云,下雨定连绵】大多由高层云降低加厚蜕变而成,范围很大、很厚,云中水汽充足,常产生连续性降水。

卷积云——【鱼鳞天,不雨也风颠】无数白色云片并排成行,状如鱼鳞,这种云称为卷积云。它往往是由于高层空气不稳定形成的,常出现在低气压前方。

积雨云——【扫帚云,泡死人】因空气对流旺盛而形成的积雨云,其白色顶部像一把倒插着的扫帚。这种云中,冰晶与水珠同时存在,水滴增长很快,并伴有雷鸣电闪。

此外,也可以根据云的变化来预测天气的变化。

【云绞云,雨淋淋】【乱云天顶绞,雨来真勿少】云绞云指的是天空中有两层或两层以上的云各自往不同方向移动,云层相交。天空中出现云绞云,大致有三种情况:一是云层多、云层厚,说明空气中有大量水汽促使云的发展;二是说明空气中气流非常混乱,不是盛行单一气流;三是说明空气非常不稳定,扰动性强。这种天气一般出现在气旋前部或锋面上,天气系统比较复杂,一般都会造成大范围阴雨天气。

【乌云接日头,天旱不发愁】在我国天气系统都是自西向东移动。当日落时,西方升起乌云,表明阴雨天气系统正向本地移来,有可能降水。

【日落乌云洞,明朝晒得背皮痛】日落时,西方虽有乌云,但下部已脱空,露出晴天,说明乌云天气系统正在消散,其后将是一个晴好天气。

【有雨山戴帽,无雨云拦腰】当阴雨天气来临时,云层比较低,云底盖住山顶。云层越厚,云罩山越低,表明空气中的水汽越多,这就越容易形成雨天。但是,如果山戴帽了,云层不增厚;或者在雨后出现的云抬高的"山戴帽",就不是有雨的预兆。所以有"有雨山戴帽,快晴帽抬高"的说法。拦腰的云,一般都是由于夜间冷却生成的地方性云。云层不厚,当太阳升高后,云也就消散了,所以"云拦腰"未来是晴天。

【乌头风,白头雨】"乌头"与"白头"是指两种云的云顶颜色来说的。"乌头"是浓积云的一种,"白头"是积雨云的一种,这两种云常在夏天出现。"乌头"云,云底平,顶部隆起,主要是由水滴组成,云中小水滴吸收和散射了部分太阳光,使云底和云顶显得浓黑。"白头"云顶部凸起,由于空气对流旺盛,垂直发展很快,云越来越伸高,云顶扩散,发展非常旺盛,不久就占据了大部分天空,云顶是冰晶结构,所以呈白色。这两种云比较,"乌头"云不如"白头"云发展旺盛,因此,一般下雨不大或不下雨,只刮一阵风,所以叫"乌头风"。但如果"乌头"云发展旺盛,逐渐变成"白头"云,便造成较强烈的雷雨,所以叫"白头雨"。

【早起浮云走,中午晒死狗】在晚上当天空晴朗万里无云时,强烈的地面辐射冷却经常引起近地层空气强烈辐射冷却,当低层空气中水汽比较充沛时,由于冷却作用地面或近地层空气经常生成雾或层云。早晨太阳从东方逐渐升起,阳光把地面烘热,也使近地层空气温度逐渐上升,于是原来形成的雾滴、云滴的小水滴又重新被蒸发成水汽,雾、层云就慢慢地被抬升而变成碎层云,这种碎层云由于高度低看上去移动就显得比较快,造成早上"浮云走"的情景。这种碎层云由于是雾或层云抬升过程中变成的,因而随着太阳高度角的升高,气温进一步增暖,雾滴、云滴也进一步消散,碎层云也就消散了。由于形成这种现象的天气系统一般是在高压区内单一气团控制下的天气,所以一般说来总是晴好的。

【早怕南云漫,晚怕北云翻】【早怕南云涨,晚怕北云堆】早上南面有很多云在弥漫,傍晚北面云彩翻动,表示未来天气将下雨了。

【早看东南,晚看西北】大气中的空气也随地球自西向东运动。晚看西北,如果西北天空黑云滚滚,说明未来要有降水过程移入本地,天气将转坏。如果西北方是晴天,则未来天气将转好。早晨起来看东南,如东边天气好,这说明坏天气将过去,未来天气晴好;如果东边天气不好,很可能随着南边的天气向北发展,天气逐渐转坏。

【云往东,一场空,云往西,水凄凄;云往南,雨成潭,云往北,好晒谷】【夜云往西,必有雨期】云往东或东南移动,表明高空吹西到西北风,故有"云往东,一场空"。"云往西",指春夏之交,云从东或东南伸展过来,常是台风侵袭的征兆,所以会"水凄凄"了。云向南移,说明冷空气南下,冷暖气团交汇,所以"云往南,雨成潭"。云向北移,表明本地区受单一暖气团控制,天气无雨便"好晒谷"了。

【日出红云升,劝君莫远行;日落红云升,来日是晴天】如果大气中水汽过多,则阳光中一些波长较短的青光、蓝光、紫光被大气散射掉,只有红光、橙光、黄光穿透大气,天空染上红橙色,开成红云。早晨红云出现表示西方的云雨将要移来,傍晚红云出现表示云雨已经远去。

【云结亲,雨更猛】云彩越积越浓,那雨就要越下越大了。

【日落云里走,地雨半夜后】高层的空气总是自西向东走的。在我们西边出现了大片、大片的云,并且从地平线上堆起来,这是告诉我们西边的天气已经变化,那里也许在刮大风,也许在下雨。这种天气,跟随着空气的运动,一定会移到我们这地方来。

【朝看天顶穿,暮要四脚悬】早上,如果天顶无云或云层很薄、很高,则当天多半是晴到多云的天气;到了傍晚,如果四边天空无云,水平能见度好,则第二天是晴天。

6.1.3 看风测天谚语

风是大气运动产生的结果,其最能反映大气的演变特征,根据风的情况可以推断冷暖空气的移动,也就能预测出未来的天气。

【开门风,闭门雨】如果早上开门立即有大风出现,可见此风不是稳定高压内部正常日变化情况下的风,而是有新的天气系统移来影响本地,例如锋面、气旋、低槽等。这时云层也比较多,随着这些新的天气系统移来,天气也就将转为阴雨天气。"开门风,闭门雨"是说早上起风过一段时间就可能发生降水,并不是说一定要到晚上闭门后才下雨。

【南风刮到底,北风来还礼】【一日南风,必还一日北风】指某地吹几天南风之后,随后就要转北风。这条谚语应用在春季最为准确,特别是长江以南地区。春季来自南方的暖湿空气已相当活跃,偏南风强盛。与此同时,北方的冷空气势力仍比较强,也非常活跃,经常向南暴发,活跃的冷暖空气经常在长江以南地区交汇。对于一个地方来说,在冷空气没到以前,一般是偏南风,气温偏暖;冷空气过后,转为北风,气温明显下降。

【五月南风下大雨,六月南风井底干】农历五月正值春末夏初,冷暖空气在长江流域"交战",从而出现降雨。到了农历六月,冷空气早已"战败",副高控制长江流域,虽然仍然吹着南风,但往往是万里无云的晴天。

【西北风,开天锁】【西风一出天下晴】雨天刮西北风预示着干冷空气已经压境,随着冷空气层的增厚,空中的云层升高变薄,不久就会云消雨散了。

【东风送湿西风干,南风吹暖北风寒】这则谚语流传在长江中下游一带,它说明不同的风会带来冷暖干湿不同的天气。东风湿、南风暖,暖湿的东南风为云雨的产生提供了丰富的水汽条件,只要一有上升的机会就会凝云致雨。西风干、北风寒,西北风来自西伯利亚或蒙古高原,往往又干又冷。

【逆风行云天要变】说明大气高低层风向不一致,易引起空气上下对流,产生雷雨等对流性天气。

【一年三季东风雨,唯有夏季东风晴】在一年冬、春、秋三季,吹东风容易产生降水,而且风力越大,越容易产生。这时的地面天气图上宁波市处于入海高压后部的低压倒槽区或华北高压的底部,只要具备一定的水汽条件,就容易形成降水。东风风力的增大意味着天气系统加强或向本地移动增快。夏季地面吹偏东风一般是受副高控制(除受台风影响外),盛行下沉气流,天气都是晴朗的。

【东北风,雨祖宗】【春秋两季东北风,一吹就是雨祖宗】东北风来自于北方洋面,所含水汽自然没有东南风多。但是,因为它是冷气流,接触了南方比较热的洋面或陆面,使它里面产生上冷下暖的现象,造成对流作用。于是,地面的水汽就给它带到高空而产生云雨了。

【六月南风海也枯】农历六月宁波处于副热带高压的控制下,进入盛夏季节。此时南风吹的时间越长,天气越晴热,降雨少而蒸发量大,极易造成伏旱。

6.1.4 看雷、霞、虹、晕、雾、露测天谚语

大气中的其他天气现象,如雷电、霞、虹、日晕、月晕、雾等也对天气预测有一定的指示意义。

【雷公先唱歌,有雨也不多】【先雷后雨雨必小,先雨后雷雨必大】夏天,烈日当空,地面受到强烈的日光照射,使局部地区的空气受热膨胀变轻,并夹带大量的水汽上升,水汽升到天空变冷便凝结成云。这种云叫作地方性的对流云,它的范围不大,又是移动的。对流发展旺盛,便形成带电的雷雨云。这种云在远处打雷下雨,我们就只能听到雷声。在近处也只下场阵雨,一下子过去,雨过天晴,所以"有雨不多"。也称"未雨先雷,有雨不大"。

【夏雷压台,秋雷引台】【秋前一雷引九台,秋后一雷压九台】夏季,宁波在副热带高压的控制下,空气受热不均易产生局部雷雨天气,这时海上的台风不能穿越强大的副热带高压而影响宁波市。到了秋季,副热带高压在南退的过程中其边缘也会产生雷暴,如果台风从宁波东南面移来,容易受副高西缘偏南气流引导北上。

【东闪空,西闪雨,南闪火门开,北闪连夜来】【南闪闪,热煞人】我国处于西风带,所以天气系统从西向东演化,西闪或北闪说明有天气系统过境,要下雨,东闪或南闪则说明该系统已移出本地,会是晴好天气。

【朝霞不出门,晚霞行千里】在日出或日落前后的天边,有时会出现五彩缤纷的霞。霞是阳光通过厚厚的大气层,被大量的空气分子散射的结果。当空中的尘埃、水汽等杂质愈多时,其色彩愈显著。如果有云层,云块也会染上橙红艳丽的颜色。日出前后出现鲜红的朝霞,说明大气中的水汽已经很多,而且云层已经从西方开始侵入本地区,预示天气将要转雨。日落前后出现大红色或金黄色的晚霞,表示在我们西边的上游地区天气已经转晴或云层已经裂开,阳光才能透过来形成晚霞,预示笼罩在本地上空的雨云即将东移,天气就要转晴。

【东虹日头西虹雨】虹是由于太阳光射到空中的水滴,发生折射与反射形成的,它出现的位置与太阳所在方向相反。因天气系统运动的规律是自西向东移动,西边出现虹,表明西边的雨区会移来,本地将有雨下;东边有虹,表明雨区在东,它往东移出,就不会影响本地,未来无雨。

【日晕三更雨,月晕午时风】在太阳或月亮周围出现一道光圈,色彩艳丽,人们叫它"风圈",气象上称晕。出现在太阳周围的光圈叫日晕,出现在月亮周围的光圈叫月晕。它是由于日、月光线通过云层时,受到冰晶的折射或反射而形成的。而这种冰晶结构的云常常是冷暖空气相遇而生成的云层,以后云层增厚,发展成雨层云,所以晕是风雨将临的征兆。当天空中出现晕时本地离这层云有六七百千米,按每小时四五

十千米移速来估算,一般在晕出现后十几个小时风雨才会到来,这便是"日晕三更雨,月晕午时风"的道理。但并不是每次出现晕以后必定刮风下雨,还要根据云的发展情况去分析。一般出现月晕时,下雨的可能性比出现日晕时少,而多是刮风天气。

【月亮长毛,有雨难逃】当天空出现高云时,有时会使月光黯淡、轮廓模糊,俗称"月亮长毛"。使月亮长毛的高云,气象上一般指的是卷层云。它常发生在冷、暖空气交锋区的前面,这一带气流极不稳定,跟着卷层云而来的往往是高层云、雨层云等极易产生降水的云系,所以是下雨的先兆。

【十雾九晴】【浓雾毒日头】【早晨雾茫茫,只管洗衣裳】这种雾是辐射雾,主要是因为晴天的夜晚辐射降温幅度大导致空气中的水汽饱和度变化幅度大引起的,大部分发生在晴天。

【春雾雨,夏雾热,秋雾凉,冬雾雪】不同季节的雾预示着不同的天气。春季冷暖空气交锋频繁,锋面附近常产生雾,故春雾的出现是暖湿气流活跃、水汽充沛、天气要转阴雨的征兆。夏季多辐射雾,一般在日出后就消散,所以天气依然晴热。秋雾多是冷空气即将南下的先兆,但此时冷空气势力还不强,湿度较小,不一定下雨,故常常仅出现转北风变凉的现象。冬雾则标志了北方有较强的冷空气南下,锋面附近常会产生雨雪天气。

【露水见晴天】【今夜露水重,明日太阳红】【露水湿,天要晴】露是近地面气层中,水汽接触到较冷的地面或地物凝结而成的小水珠。在晴朗少云、风小的夜里最利于露的形成。

6.1.5　观物测天谚语

在天气即将变化时,一些动物往往比人类更为敏感,它们能察觉到气象要素细微的变化并表现出反常的举动,可作为预测天气的参考。

【燕子低飞,天将雨】燕子以昆虫为食,在天气将下雨的时候,空气里的水汽多,一些小虫子飞不高,只能在近地面处飞来飞去。近地面的小虫活动频繁,燕子便低飞捕食。又由于下雨前的气流较乱,燕子在低飞时便忽高忽低,翻飞不定。所以"燕子低飞",是"天将雨"的预兆。

【鸡宿迟,兆阴雨】傍晚,如果鸡迟迟不愿进笼,一般是天气要转雨的象征。鸡是喜欢干燥怕潮湿的动物,当天气将下雨时,空气中湿度大、气压低,鸡笼内更加潮湿闷热。另外,在这种天气条件下,昆虫在傍晚时出来活动的也多,鸡为了贪食,所以迟迟不愿进笼。

【天将雨,鱼先跃】【江中鲤鱼跳,雨水将来到】因天将下雨时,气压低,溶于水中的氧化物减少,鱼在水中呼吸困难,所以要浮近水面或出水跳跃。

【河里鱼打花,天天有雨下】鱼类是依靠呼吸溶解在水中的一部分氧气生活。当天气要降雨前,气压降得很低,溶入水中的氧气大大减少,鱼在水中感到氧气不足,就会跳出水面进行呼吸。有的缺氧厉害,便呈假死状态,肚皮朝上。

【缸穿裙,大雨淋】【盐出水,铁出汗,雨水不少见】【龟湿背,雨在即】夏天,水的温度要比空气低一些,水缸装水部分的外壁温度也比空气温度低。这时若空气中所含的水汽已经达到饱和状态,那些接触到水缸装水部分外壁的空气中的水汽就会凝结成细小水滴,水缸外壁就变得湿漉漉的,像穿上裙子一样。由于空气中水汽充沛,出现"缸穿裙"现象,就预示天将转变成阴雨天了。其实,天将雨时,人们还会发现盐缸出水,石磨出水,铁器用具出汗,所以又有"盐出水,铁出汗,雨水不少见"的谚语。盐吸水性强,当空气中水汽多时,就会发生出水现象。铁的导热性强,热得快,凉得也快,当空气中的水汽碰到铁时,就会在它上面凝结成小水滴,有如流汗似的,也预示有阴雨。

6.2　宁波老话

宁波老话是群众在长期的劳动生活中口头创造出来的,表意精练准确、活泼生动。在宁波老话和俗语中与天气有关的也比比皆是,且富含哲理,所谓"不听老人言,吃亏在眼前",我们就是从老一辈口口相传的哲理性教诲中成长的。

【六月六,黄狗猫浴】农历六月六天气交关热,宁波风俗要给狗猫洗澡,也给小毛头洗澡,认为这样一来,小毛头就像狗猫一样好养了。

【热温温】有点热。

【寒势势】有些寒冷感。势:形势,趋势。例:"天亮爬起(早上起来)人有眼寒势势,莫好(大概)发热(发烧)的呃。"

【落雨类,落雨类,小八拉丝开会类】碰上下雨天,一些农事和户外作业无法进行,只好聚在一起聊聊家常、"开会"了。

【红猛日头】指强烈的太阳光。

【雨毛丝】指极细的小雨。

【过云雨】指云来即雨云过即停的雨。

【雪子】指霰。

【龙光闪】指闪电。

【冷冷在风里,穷穷在债里】意为贫穷多为债务所致,比兴句。冷冷:第一个为形容词,第二个为动词;风里:原因在风,因风之故;债里:原因在债务,因债之故。

【伤风气】感冒,伤风。民间以为感冒是因为偶感次冷风、寒气而成。例:"这两天冷一冷,人会伤风气了"。

【补漏趁天晴,读书趁年轻】意为年轻时正是学习的好时光,比兴句。补漏:修补漏的房子;趁年轻:利用年轻的时光。

【性格生成，落雨清淋】比喻个性强的人宁可吃亏不改初衷。生成：从娘胎里带来；落雨：下雨天；清淋：不打伞无遮盖地承受雨淋，也喻不做假不屈服。

【风急落雨，人急生智】意为急中生智，比兴句。风急：风气紧，起大风；落雨：下雨；人急：人在紧急中。

【黄梅天】指江南地区多雨的梅季，因此时正好是梅子黄熟了的时候。

【做风水】台风天气。台风来时伴有大雨，常成灾，故又常指"成水灾的台风天气"。例："该天家每日落雨，看样子要做风水呖。"

【连底冻】冰冻直到盛水器的底部。例："今朝天咋会介冷，水缸也连底冻了"。也指最冷的日子。谚语："撒屙不怕连底冻"；例："这几日连底冻，上学去衣裳要多加两件。"

【春天生意实难做，一头行李一头货】指晴雨无常、冷暖多变的春天里行商的艰辛。一头：指扁担所挑的两头中的一头；行李：指晴雨冷暖变化无常而要多带衣物雨具。

【出门看天色，进门看面色】天色：天气变化；面色：（主人或妻子的）表情。

【八月一声雷，遍地都是贼】旧指农历八月响雷，主灾年，多盗贼。

【白露白迷迷，秋分稻秀齐】白露：二十四节气之一，在每年9月8日前后；迷迷：形容大雾迷茫；秋分：二十四节气之一，为每年9月22日、23日或24日；秀：谷物开花结实。指白露时若雾气茫茫，到了秋分，稻穗就会长得整齐。

【白露前是雨，白露后是鬼】指白露节前宜雨，节后下雨则农田遭殃。

【白露日个来，来一路苦一路】个：助词，无义；来：指雨来。指白露日下雨，会使蔬菜发苦。

【半年下雨半年晴】一年中有半年下雨，半年是晴天。指气候多雨或久晴。又作【半年有雨半年晴】【半年雨落半年晴】

【暴风不终日】暴风不会从早刮到晚。

【北辰三夜，无雨大怪】指半夜三更北边天空有闪电，定有大雨。

【冰雪虽厚，过不了六月】比喻境况很快就会好转，困难终会被战胜。说明任何事物都会受到自然规律的制约，在一定条件下就会发生变化。

【船棹风云起，旱魃精定欢喜；仰面看青天，头巾掉落麻坼里】船棹风：梅雨后的东南季风；旱魃精：传说中引起旱灾的怪物；坼：裂开。指船棹风刮起，主天旱，旱魃精看到天旱地裂很高兴。又作【白棹风云起，旱魃精定欢喜；仰面看青天，头巾掉落麻坼里】【船棹风云起，旱魃深欢喜】。

【不冷不热，五谷不结】指如果没有气候的冷暖变化，庄稼便不会成熟丰收。

【六月不热，五谷不结】六月天不热，五谷就不能成熟结实。

【不怕年灾，就怕连灾】指连续的灾害最为可怕。

【处暑一声雷，依旧倒黄梅】黄梅：指黄梅雨，即宁波六月间，黄梅成熟时的降雨，亦称黄梅天。处暑时节雷声响,依旧返回黄梅天,多雨。

【吹什么风,下什么雨】比喻将发生什么事情,必有什么样的预兆。

【春天后母脸】后母脸:指喜怒无常。指春天的气候变化无常,时冷时热,时雨时晴。

【春雾花香夏雾热,秋雾凉风冬雾雪】春天的雾使花艳香浓,夏天的雾使天气炎热,秋天的雾使凉风四起,冬天的雾令大雪飞扬。指宁波四季起雾时的天气变化。

【春夏东南风,不必问天公】指春夏季刮东南风,必有雨。

【春雨贵如油】指春耕时下及时雨,就像油一样可贵。

【大不过理,肥不过雷】雷电把水分解为氢和氮,而氮是农作物的主要肥料,故雷雨有肥田作用。借喻说理是客观的大规律,无论多么大的力量都拗不过理去。

【大暑小暑,灌死老鼠】指大暑、小暑时节雨水多。

【冬前弗结冰,冬后冻杀人】冬至前如果不见结冰,冬至后将会十分寒冷。

【二八乱穿衣】乱:随便,不一致。农历二、八月气候冷热无常,穿衣服也要随时增减;另外,各人感觉不同,穿衣多少也各不相同。

【过了清明还冷十天】指清明过了,还会有寒冷的天气。

【黄梅时节家家雨】黄梅成熟时节,即六月间,空气湿度大,墙壁尽湿,如同下雨。

【黄梅天十八变】指黄梅天气候多变。

【急雨易晴,慢雨不开】指下大而急的雨,天气很快就会放晴;但如果下连绵细雨,天气往往难以转晴。

【见风就是雨】看见了风,就说下雨的话。比喻把靠不住的言论或事情当真起来,过早地下结论。

【脚跑不过雨,嘴强不过理】雨落下来了,再想跑到雨的前面去是做不到的;巧言善辩或强词夺理,并不能驳倒真理。

【九月冷,十月温,秋底下还有个小阳春】指深秋的天气还要暖和一段时间。

【牛毛细雨,点点入地】细雨随下随渗入泥土。比喻扎实、深入。

【强风怕日落】傍晚日落之后,地面气温降低,空气上下对流减弱,风力减小,强风则变为弱风。

【热不过三伏,冷不过三九】指三伏天最热,三九天最冷。

【人黄有病,天黄有雨】指人的脸色发黄,一定是生病了;天色发黄,预示着大雨即将来临。

【日落胭脂红,无雨便是风】太阳下山时,天空中呈现胭脂一样红的颜色,预兆风雨即将到来。

【日落云里走,雨在半夜后】太阳下山时,朝着云里面走,预兆下半夜有雨。

【霜打过的柿子才好吃】借喻经过艰苦生活磨炼的人,才能成为有用之才。

【天上下雨地下流,两口子打架不记仇】如同天上下雨地下就会有水流一样,夫妻一时吵架容易和解,是不会记恨在心的。

【雷声大,雨点小】比喻说得堂皇很少行动。

【乌云倒暗】晕头转向。例:"年底一到,人拨其忙得乌云倒暗。"

【汗爬雨淋】满头大汗。本义为汗珠爬动,好像雨滴浇淋。例:"篮球打得汗爬雨淋"。

【冷汗直淋】一身冷汗。冷汗:不是因热而散发和汗水;直淋:如雨浇。例:"人会吓得冷汗直淋。"

【天怕东风雨,人怕床头鬼】意为坏事常坏在枕边上起到的作用,比兴句。东风雨:东风主大雨,可能酿成水灾,民谚:"夏东风,雨祖宗";床头鬼:在男人枕边上搞阴谋的女人,鬼音"矩"。

【雾白洋洋】盲目,迷茫,不精明。本义为海洋上一片白雾,引申为目标不清、心中无数、瞎碰。例:"我家小明雾白洋洋,出门去总靠你多照顾。"

【邪火岚气】见到风就是雨。邪火:阴火,有焰而无火,烧不着东西;岚气:山林瘴气,如云而不雨。本义为仿佛是那么回事,其实是假的。

【四时八节】一年中重大事情。四时:春、夏、秋、冬四季;八节:春节、元宵节(上元)、清明节、端午节、鬼节(中元)、中秋节、重阳节、下元节、腊八节合称。例:"对侬没其他要求,四时八节把把牢就好呐。"

【有愁呒愁,愁六月呒日头】犹言杞人忧天。有愁呒愁:意为没事找事地去愁闷;后半句即担心夏天没太阳,意为完全是空担心。

【天高勿算高,人心节节高】意为人心比天高。节节:一节一节,一步一步;高:提高要求。

【有钿难买六月雪】比喻稀少、稀有。六月飞雪极为罕见,有钱难买。宁波的降雪时段一般在11月至次年3月,主要集中在1、2月份。

【春不露脐,冬不蒙头】春天乍暖还寒,露脐易着凉;冬天睡觉蒙头易导致呼吸不畅。

【天无一月雨,人无一世穷】励志谚语,鼓励在困境中的人去奋斗,别看现在穷困,将来必有转机。

【雪得使白、雪雪白】纯白,如雪之白。

【六月日头,晚娘拳头】晚娘,指后娘;六月,指农历六月,一般对应公历7月上旬后期以后,常年宁波7月7日出梅,之后进入一年中高温伏旱期,此时日头毒,喻毒辣。

【不知天高地厚】描述见识短浅,狂妄自傲。

【大气候】比喻出现在较大范围的某种政治、经济形势或思潮。

【成气候】干事有了成就,打开了局面。

【良言一句三冬暖,恶语伤人六月寒】好话暖人心,坏话伤人心。

【久旱逢甘雨】盼望的事终成现实。

【赶浪头】比喻随着别人去做一些适应当前形势的事。

【见天日】摆脱困境,出了头。

【秋老虎】立秋后仍非常炎热的天气。

【风凉话】不负责任的冷言冷语。

【耳旁风】耳边吹过的风,比喻听过后不放在心上的话(多指劝告、嘱咐)。

【一阵风】速度快或稍纵即逝。

【迅雷不及掩耳】事发突然,来不及防备。

【平地一声雷】比喻突然发生一件震动人心的大事。

【干打雷不下雨】比喻口头上讲得很热闹,而不采取具体措施去加以落实。

【晴雨表】比喻能敏锐地反映某种变化的事物。

【下毛毛雨】喻轻微的。

【及时雨】急需时所给的帮助。

【风雷事】急性子。

【打头风】对面风,逆风。

【刮台风】喻来势凶猛。

【秋风扫落叶】比喻强悍的力气扫荡衰败的权力。

【借东风】利用某种良好时机。

【喝西北风】得不到好处。

【不怕风大闪了舌头】不怕难为情。

【打秋风】借各种名义向人索取东西。

【出风头】在公众场所显摆自己。

【人来风】多指孩子在来客时哄闹、使性。

【东风吹来往西倒,西风吹来往东倒(随风倒)】没有立场,谁势力大就依附谁。

【春寒多雨水】春寒兆多雨。

【春无三日晴】春日喻多雨。

【雷响惊蛰前,四十九日不见天】惊蛰前闻雷声,兆久雨。

【清明要清,谷雨要雨】认为清明当日晴,谷雨当日雨,兆丰年。

【清明断雪,谷雨断霜】认为霜雪至此始断,宁波最迟降雪时间是 4 月上旬。

【三月三,落雨落到茧头白】三月三落雨兆久雨。

【夏至发西南,种田等雨来】认为夏至起西南风,兆久晴。

【夏至落雨做重梅,小暑落雨做三霉】夏至、小暑雨,兆久雨,梅雨有时有头梅、二梅、三梅之说。

【打鼓送梅,一去不回】响雷送梅,兆久晴;响雷,说明副热带高压加强,梅季结束。

【大旱不过七月半】认为大旱时过七月半必有雨。

【朝立秋,凉飕飕;夜立秋,热当头】立秋时刻早,兆秋凉;立秋时刻迟则热。

【秋前北风秋后雨,秋后北风遍地干】立秋前北风,兆雨;反之,则兆旱。

【秋旺老北风,晒煞河底老虾公】秋多北风,兆旱。

【夏至有风三伏热,重阳无雨一冬晴】重阳无雨,兆冬晴。

【重阳一朝雾,晚谷晚稻要烂腐】重阳有雾,兆多雨。

【九月十三晴,钉鞋雨伞刮断绳】认为九月十三晴,兆旱冬。

【懒人有句话,十月还有个夏】十月为小阳春,天气尚暖。

【十月五风,冻煞老农】认为入冬逢五有风,兆暴冷。

【冬至前后,沙飞石走】言冬至前后多大风。

6.3 歇后语

歇后语是中国劳动人民自古以来在生活实践中创造的一种特殊语言形式,是一种短小、风趣、形象的语句。它由前后两部分组成:前一部分起"引子"作用,像谜面,后一部分起"后衬"的作用,像谜底,十分自然贴切。在一定的语言环境中,通常说出前半截,"歇"去后半截,就可以领会和猜想出它的本意,所以就称为歇后语,而与天气现象有关的歇后语也有很多。

【白露节气的雨——到一塘坏一塘】白露,二十四节气之一,在公历9月7日、8日或9日。明朝徐光启《农政全书·农事·占候》中:"白露雨为苦雨,稻禾沾之则白飒,蔬菜沾之则味苦。"本义指白露那天下雨,下到哪里,哪里遭灾,比喻人走到哪里就把厄运带到哪里。

【寒冬腊月打雷——成不了气候】冬季大气层结稳定,一般无雷雨天气。

【二月的闷雷——想(响)得早】宁波初雷一般在惊蛰前后,二月出现雷雨比较少见。

【雷雨天下冰雹——一落千丈】发展强盛的积雨云(高度高,一般可达十几千米)中易产生冰雹、龙卷等剧烈天气。

【三伏天的冰雹——来者不善】夏季不稳定能量大,一旦触发强对流天气,往往后果严重。

【腊月天气——动手动脚(冻手冻脚)】形容腊月天气寒冷。

【半天云里挂漏袋——装不成风】本指将风装入袋里,转指假装,难以装疯卖傻。

【残灯碰上羊角风——一吹就灭】指人或某种势力行将死亡或灭亡,不堪一击。

【大风里吃炒面——没法张口】指有某种为难之处,有话不便说。

【大寒吃雪条——凉了心】大寒:二十四节气之一,在1月20日或21日;雪条:方言,冰棍。指失去信心,意志消沉。

【大田里的苗苗——得雨露早】比喻较早获得各种恩惠。

【二八月的天——会变】指某事物会发生变化。

【二月间的桃子——不熟】本指二月桃子尚未成熟,转指对人或事物不熟悉。

【姑娘的脸,六月的天——说变就变】指非常容易发生变化。

【寒露的烟叶——干晒】寒露:二十四节气之一,在 10 月 8 日或 9 日。本指寒露时节将烟叶晾晒干,转喻不予理睬、不予理会。

【喝了白露水的知了——叫不了几天】白露:二十四节气之一,在 9 月 7 日、8 日或 9 日。与"秋后的蚂蚱——蹦不了几天""秋后的蚊子——没几天飞头了"同义,讥讽坏人或某种邪恶势力即将灭亡,猖獗不了几时。

【雷公打豆腐——专从软处下手】比喻专门欺负软弱的人,或先拿软弱的开刀。

【六月戴毡帽——不看气候】转喻不识时务,或不看时机。

【龙王爷过江——风大雨大】比喻掀起一场大风波。

【海雾里行船——走哪儿算哪儿】指看不清前途或失去了目标,心里没了主意,听其自然。

【阴天背蓑衣——越背越重】阴天空气潮湿,蓑衣会越来越重;转以形容负担越来越重。又作【雨天背蓑衣——越背越重】

【雨过天晴放干雷——虚张声势】指故意张扬声势以迷惑人。

【醉雷公——胡劈】指不问情由,胡乱批评指责人。

【东方打雷西方雨——声东击西】指造成要攻打东边的声势,实际上却攻打西边,是使对方产生错觉以出奇制胜的一种战术。

【出太阳下暴雨——假晴(假情)】夏季午后对流性天气。

6.4 谜语

谜语主要指暗射事物或文字等供人猜测的隐语,也可引申为蕴含奥秘的事物,一般由谜面、谜目和谜底三部分组成。谜语源自中国古代汉族民间,历经数千年的演变和发展,它是古代汉族劳动人民集体智慧创造的文化产物。如今与气象有关的谜语也有不少,它们有猜天气现象的,有猜天体名称的,也有猜气象用语的,下面不妨请您也来猜一猜。

【一件东西大无边,能装三百多个天,还装月亮十二个,它换衣服过新年(打一物)】

谜底:日历。

【一棵麻,多枝丫,雨一淋,就开花(打一日常用品)】

谜底:雨伞。

【上一半,下一半,中间有线看不见,两头寒,中间热,一天一夜转一圈(打一天体)】

谜底:地球。

【有个毛公公,天亮就出工,有朝一日不见它,不是下雨就刮风(打一天体)】

谜底:太阳。

【东边点倭瓜,牵藤到西家,花开人吵闹,花落人归家(打一天体)】

谜底:太阳。

【明又明,亮又亮,一团火球挂天上,冬天待的时间短,夏天待的时间长】(打一天体)

谜底:太阳。

【有时落在山腰,有时挂在树梢,有时像面圆镜,有时像把镰刀(打一天体)】

谜底:月亮。

【小时两只角,长大没有角,到了二十多,又生两只角(打一天体)】

谜底:月亮。

【三四五,像把弓,十五十六正威风,人人说我三十寿,二十八九便送终(打一天体)】

谜底:月亮。

【有时圆又圆,有时弯又弯,有时晚上出来了,有时晚上看不见(打一天体)】

谜底:月亮。

【青石板儿石板青,青石板上挂明灯,若问明灯有多少,天下无人数得清(打一天体)】

谜底:星星。

【棋子多,棋盘大,只能看,不能下(打一天体)】

谜底:星星。

【来到屋里,赶也赶不走,时间一到,不赶就会走(打一自然现象)】

谜底:太阳光。

【千颗星,万颗星,满天星星数它明,有它给你指方向,夜里航行不用灯(打一星名)】

谜底:北极星。

【一胎两男(打一星座)】

谜底:双子座。

【打鸟捕兽人家(打一星座)】

谜底:猎户座。

【放羊倌(打一星座)】

谜底:白羊座。

【忽然不见忽然有,像虎像龙又像狗,太阳出来它不怕,大风一吹它就走(打一自然物)】

谜底:云。

【像是烟来没有火,说是雨来又不落,有时能遮半边天,有时只见一朵朵(打一自然物)】

谜底:云。

【身体多轻柔,逍遥漫天游,风来它就躲,雨来它带头(打一自然物)】

谜底:云。

【千条线,万条线,落在水里看不见(打一自然物)】

谜底:雨。

【一片白线半天高,可惜布机织不了,剪刀裁它不会断,只有风吹能折腰(打一自然物)】

谜底:雨。

【看不见来摸不到,四面八方到处跑,跑过江河生波,穿过森林树呼啸(打一自然现象)】

谜底:风。

【水皱眉,树摇头,草弯腰,云逃走(打一自然现象)】

谜底:风。

【我到处乱跑,谁也捉不到,我跑过树林,树木都变腰,我跑过大海,大海的波浪高又高(打一自然现象)】

谜底:风。

【白色花,无人栽,一夜北风遍地天,无根无枝又无叶,此花原从天上来(打一自然现象)】

谜底:雪。

【像花花园不种它,花儿刚开就落下,春夏秋季它不长,寒冬腊月开白花(打一自然现象)】

谜底:雪。

【一夜北风万花开,我从天宫降下来,今宵人间借一宿,明朝日出升天台(打一自然现象)】

谜底:雪。

【小白花,飞满天,下到地上像白面,下到水里看不见(打一自然现象)】

谜底:雪。

【像云不是云,像烟不是烟,风吹轻轻飘,日出慢慢消(打一自然现象)】

谜底:雾。

【一座弯大桥,造在青天里,七色呈异彩,都夸好手艺(打一自然现象)】

谜底:彩虹。

【赤橙黄绿青蓝紫,犹如彩练当空舞,夏日雨后常常见,太阳在西它在东(打一自然现象)】

谜底:彩虹。

【弯弯一座彩色桥,高高挂在半山腰,七色鲜艳真正好,一会儿工夫不见了(打一自然现象)】

谜底:彩虹。

【天冷它出来,白毛到处盖,不怕风来吹,就怕太阳晒(打一自然现象)】

谜底:霜。

【白色冰晶,不甜不咸,有色无味,寒来夏无(打一自然现象)】

谜底:霜。

【天上有面鼓,藏在云深处,响时先冒火,声音震山谷(打一自然现象)】

谜底:雷。

【双手抓不起,一刀劈不开,煮饭和洗衣,都要请它来(打一自然现象)】

谜底:水。

【小风吹,吹得动,大刀砍,不裂缝(打一自然物)】

谜底:水。

【散步在小溪,睡觉在池塘,奔跑在江河,咆哮在海洋(打一自然物)】

谜底:水。

【箭射没有洞,刀砍不留痕,雨来成碎锦,风起现花纹(打一自然物)】

谜底:水。

【生在水中,却怕水冲,放在水里,无影无踪(打一自然物)】

谜底:冰。

【远看白光光,近看玻璃样,越冷越结实,一热水汪汪(打一自然物)】

谜底:冰。

【从低到高,由浓到淡,忽左忽右,跟着风走(打一自然现象)】

谜底:烟。

【没有身体倒会活,没有舌头会说话,谁也没有见过它,倒都叫它说过话(打一自然现象)】

谜底:回声。

【太阳之冠(打一天文名词)】

谜底:日冕。

【四季生辉(打一天文名词)】

谜底:光年。

【从早吃到晚(打一天文名词)】

谜底:日全食。

【鬼话连篇(打一气象用语)】

谜底:阴雨(语)连绵。

【中秋月夜座谈会(打一气象用语)】

谜底:明晚多云。

【严冬过后(打一节气名)】

谜底:立春。

【高处不胜寒(打一气象用语)】

谜底:最低温度。

【雄鸡一唱天下白(打一气象用语)】

谜底:多云。

【白日依山尽(打一气象用语)】

谜底:傍晚多云。

【看穿心思(打一气象用语)】

谜底:能见度。

【猪八戒背媳妇(打一气象用语)】

谜底:高压脊。

【到黄昏点点滴滴(打一气象用语)】

谜底:晚间有零星小雨。

【北方吹来十月的风(打一气象用语)】

谜底:冷空气。

【寡言(打一气象用语)】

谜底:少云。

【大雪满弓刀(打一气象用语)】

谜底:冷锋。

【刀枪入库(打一气象用语)】

谜底:静(禁)止锋。

【敢怒不敢言(打一气象用语)】

谜底:中心气压。

【华夏之声(打一气象用语)】

谜底:中云。

【九九艳阳天(打一气象用语)】

谜底:十八日晴。

【九泉之下语缠绵（打一气象用语）】

谜底：阴转多云。

【棋枰看不透（打一气象用语）】

谜底：局部有雾。

6.5　趣闻

【能预报天气的鸡蛋】英国一只名叫罗茜（Rosie）的母鸡有种神奇的力量：它下的鸡蛋蛋壳上有特殊花纹，可以准确预报天气情况。人们无须通过高科技电脑成像技术，只要看看它下的蛋就能预测未来会下雨还是晴天。比如当地晴空万里，罗茜的蛋壳上就出现发出太阳形状的花纹。下雪前，罗茜的鸡蛋上就出现类似雪花的白色斑点。

【会预报天气的泉】在四川省古南县向顶乡境内，有一眼泉露出在石灰层中，在低洼处形成一个水面面积达 50 m² 的天蓝色的水塘。每当天气由晴转雨前，水色便由天蓝变成黑色，犹如天空中乌云密布一样；天气由雨转晴前，水色则变为浅黄。天气变化后一日左右，水色又恢复成天蓝色。假如塘水呈现五颜六色，则预兆第二年必定风调雨顺。在重庆市温泉公园里有一个奇特的泉水池，它由冷矿泉水形成，却以另一种方式向人们报告晴雨。当泉水池中的水清澈透明时，预示天气转晴；当池水变成浑浊并冒气泡时，则表示将要下雨；如果池水特别浑浊，气泡很多，表明将有大雨或暴雨。据多年的观察表明，以这个池水的清澈程度来预报天气是很准确的。广西灵川县海洋乡苏家村边也有这样一眼泉水。当泉水很清时，天气晴朗，当日不会下雨；当涌泉出现乳白色像米汤那样的水时，3 天之内必会下雨，涌泉的浑水量大小，还能预示雨量的大小。下雨天，如果泉水开始变清，天气就将转晴。当地的人们每天都可根据泉水的变化情况，得知未来天气的变化。

【会预报天气的树】山东济南金刚纂村一棵树龄 800 多年的老槐树，在网络上赚足了人气。据说通过观察树身上的"树洞"是否流水，就能判断未来几天的晴雨，从不失灵。这棵老槐树并不孤单，据说广西忻城县龙顶村的百年青冈树，晴天时树叶呈深绿色，久旱将要下雨前树叶变成红色，雨后天气转晴时树叶又恢复了原来的深绿色。而在安徽和县大滕村，村民根据当地一棵朴树发芽的早迟和树叶疏密即可知道当年雨水的多少。

【"果冻"雨】英国一位 61 岁老人的后院突然天降奇雨，雨点除了普通的冰雹之外，还夹杂有大量弹珠般的果冻状蓝色小球。这种像弹珠一样的蓝色小球，一踩就消失不见，捡也捡不起来。这些珠子闻上去没有味道，在水里也浮不起来，表面有一层壳，内里柔软。

【"光线雨"】某日厦门,环岛路黄厝,有市民突然看到东南方向的天空中出现神秘"光线",先是稀疏的五六条,随后逐渐多了起来,不一会儿,"光线"就布满了天空,垂直挂在夜空中,几乎一动不动,凭肉眼只能看到模糊的几条"光线"。这些光线曾一度变亮,不过持续了半小时后就彻底消失了。

【鱼雨】在世界众多怪雨中,要数鱼雨为数最多。鱼雨在英国、美国和澳大利亚屡见不鲜,尤其是澳大利亚,鱼雨经常出现,以至报纸已不愿再刊登这类令人乏味的消息。鱼雨一直发生在拉丁美洲,成为很多国家的民间传说。据说在鱼雨到来之前,天上乌云滚滚,大风呼啸,强风暴雨持续 2~3 h 之后,数百条活鱼落在地面上。人们把这些地上的新鲜活鱼拿回家烹饪,看似多可笑的事情啊,可是它却真实存在着。自从1998 年的一场鱼雨后,洪都拉斯国家的约罗市(Yoro)在每年都会过这个"鱼雨"节。海龙卷能把海上船只和水以及水里的一切东西带进云层中,这些暴风云中的强风则携带着卷进来的东西长途穿行,然后一股脑儿地将它们倾倒在毫无准备的人或建筑物之上。鱼从天而降,这就是海龙卷的作用,即是"鱼雨"形成的原因。

【用诗歌预报天气】在《村居书喜》中,南宋著名诗人陆游大笔挥就"花气袭人知骤暖,鹊声穿树喜新晴"这样形象生动的诗句。他借用"花气袭人"和"鹊声穿树"的物候现象,分别推测"骤暖"(气温变高)和"新晴"(天气放晴)的气象情况,堪称一流的"天气预报词"。《墨西哥报》气象预报的刊登与众不同:它把天气预报写成诗歌,登载在头版固定的栏目内,读者阅后,既知道了一天的天气情况,又欣赏到一篇诗作。一天,气象台的天气预报是阴转晴,傍晚有阵雨。该报的天气预报则为:晨风吹开飘动的乌云,给城市黎明带来金黄;黄昏将有沙沙的阵雨,使喧闹的街道一片静寂。

【屁股撅得半天高】看来天也只有两屁股高,那么天到底有多高呢?天高通常是指大气层的高度,自然从地面算起,可是算到哪儿为止呢?过去认为厚约 800 km,后来探测到在距地面 1000~2000 km 高处仍有空气存在。近二十年来,根据人造地球卫星和宇宙火箭的考察结果,在 2000~3000 km 的高空也找到了气体分子,在远离地球 16000 km 的高空还存在着气体的痕迹。但从大气密度来看,在海平面以上30 km 内集中了大气质量的 99%,离地面 100 km 处的大气密度仅为海平面的百万分之一,离地面 200 km 处的大气密度为海平面的五亿分之一。

【天要下雨,娘要嫁人】传说古时候有个名叫朱耀宗的书生,天资聪慧,满腹经纶,进京赶考高中状元。皇上殿试见他不仅才华横溢,而且长得一表人才,便将他招为驸马。洞房花烛夜,金榜题名时,双喜临门,真是"春风得意马蹄疾",循惯例朱耀宗一身锦绣新贵还乡。临行前,朱耀宗奏明皇上,提起他的母亲如何含辛茹苦,如何从小将他培养成人,母子俩如何相依为命,请求皇上为他多年守寡一直不嫁的母亲树立贞节牌坊。皇上闻言甚喜,心中更加喜爱此乘龙快婿,准允所奏。朱耀宗喜滋滋地日夜兼程,回家拜见母亲。当朱耀宗向娘述说了树立贞节牌坊一事后,原本欢天喜地的朱母一下子惊呆了,脸上露出不安的神色,欲言又止,似有难言之隐。朱耀宗大惑不解,惊愕地问:"娘,您老哪儿不舒服?""心口痛着哩。""怎么说痛就痛起来了?""儿呀,"朱母大放悲声,"你不知道做寡妇的痛苦,长夜秉烛,垂泪天明,好不容易将你熬出了头!娘现在想着有个伴儿安度后半生,有件事我如今告诉你,娘要改嫁,这贞节牌坊我是无论如何不能接受的。""娘,您要嫁谁?""你的恩师张文举。"听了娘的回答,好似晴天一声炸雷,毫无思想准备的朱耀宗顿时被击倒了,"扑通"一下跪在娘的面前:"娘,这千万使不得。您改嫁叫儿的脸面往哪儿搁? 再说,这'欺君之罪'难免杀身之祸啊!"朱母一时语塞,在儿子和恋人之间无法做到两全其美。原来,朱耀宗八岁时丧父,朱母陈秀英强忍年轻丧夫的悲痛,她见儿子聪明好学,读书用功,特意聘请有名的秀才张文举执教家中。由于张文举教育有方,朱耀宗学业长进很快。朱母欢喜,对张文举愈加敬重。朝夕相处,张文举的人品和才华深深打动了陈秀英的芳心,张文举对温柔贤惠的陈秀英也产生了爱慕之情,两人商定,待到朱耀宗成家立业后正式结婚,白首偕老。殊不料,这桩姻缘却要被蒙在鼓里的朱耀宗无意中搅黄了,出现了这样尴尬的局面。解铃还须系铃人。正值左右为难之际,朱母不由长叹一声:"那就听天由命吧。"她说着随手解下身上一件罗裙,告诉朱耀宗说:"明天你替我把裙子洗干净,一天一夜晒干,如果裙子晒干,我便答应不改嫁;如果裙子不干,天意如此,你也就不用再阻拦了。"这一天晴空朗日,朱耀宗心想这事并不难做,便点头同意。谁知当夜阴云密布,天明下起暴雨,裙子始终是湿漉漉的,朱耀宗心中叫苦不迭,知是天意。陈秀英则认认真真地对儿子说:"孩子,天要下雨,娘要嫁人,天意不可违!"事已至此,多说无益。朱耀宗只得将母亲和恩师的婚事如实报告皇上,请皇上治罪。皇上连连称奇,降道御旨:"不知者不怪罪,天作之合,由她去吧。"另外,对"娘"还有另一种解释,即认为这里的"娘"不是指母亲,而是指姑娘。"娘"字的本义是少女,现在南方还常以"娘"为女孩取名。而"姑娘要出嫁"似乎比"寡妇要出嫁"更为顺理成章。姑娘嫁人合乎天理人道,是人类社会的必然规律;而"天要下雨"则是自然界的必然规律。正是基于这种逻辑上的相似点,人们把两者合在一起,使之相辅相成,相得益彰,成为一句很有表现力的民间俗语。

第7章 问答篇

阅读了前面几章之后,相信大家对气象有了更深入的了解,但对于天气预报是怎么回事,宁波的气候如何,天气现象的成因是什么等一些问题心中仍充满了疑问,下面精选出五十余个大家普遍关心的涉及气象方面的热点问题,为您一一作答。

7.1 气象学是研究什么的

气象学主要研究大气的各种物理、化学性质、现象及其变化规律。其目的在于揭示大气中的各种物理、化学现象和过程的发生发展本质,加以掌握并应用于国防和国民经济建设事业。其内容广泛,有许多分支,如大气物理学、大气化学、天气学、气候学、卫星气象学、雷达气象学等。

7.2 天气预报是如何制作的

天气预报是一项浩大的系统工程,人们在获取气象预报信息时,往往只是简单的几句,但这其中凝聚了全国数万气象工作者,甚至全球气象工作者的劳动。简单来说,天气预报的一般制作过程包括气象资料的收集,气象专家对资料进行分析、计算、会商得出预报结论,对外发布三个步骤。

首先进行的是各种气象资料的收集。大气是个整体,要掌握大气变化的规律,就必须了解从地面到高空大气中尽可能多的信息。为了整体和当地的需要,监视天气、气候变化的气象台站遍布全球,无论天涯海角,到处都有气象人员在坚持工作,同时,还有许许多多无人监守的"自动气象站"分布在各地,此外,卫星、雷达、探空气球等"千里眼""顺风耳"全天候、不间断工作,组成了天、地立体气象监测站网,就拿宁波来说,气象监测站点达到300多个,通过气象仪器,夜以继日、年复一年、连续不断地获取大量气象信息。

天气预报员通过分析研究地面和不同高度的天气图以及其他各类天气图表,运用气象卫星资料和雷达资料综合分析、判断后做出具体天气预报,这种预报天气的方法叫

"天气图法",它是传统的预报天气方法。目前比较先进的预报方法是"数值天气预报法",即根据大气的实际情况,通过高速电子计算机计算求解描写天气演变的方程组,预报未来天气。之后预报专家们再像医生"会诊"那样进行天气会商,得出天气预报结论。

最后是对外发布,就是市民们看到、听到的天气预报了。

7.3 天气预报为何难做到 100% 的准确

尽管科学家们想尽了办法,但天气预报还是做不到 100% 的准确。天气预报之所以难以完全准确,有多方面的原因。

首先,预报对象有其自身的发展规律,目前还难以完全掌握这种规律。比如说,天气变化涉及复杂的物理、化学和生态过程,而目前人们对这些过程的了解还很不深入,又难以全用数学物理方法加以描述。目前使用的数学物理方程,还难以全面反映大气运动的规律。

其次,现代科学证明,在用来描述大气运动的方程中存在着一定的不确定性。当从大气运动的初始状态出发计算未来的大气状况时,初始状态微小的差异会使后来的演变结果大相径庭,人们把这种现象叫作混沌,又称蝴蝶效应。对于这个效应最常见的阐述是:"一只南美洲亚马孙河流域热带雨林中的蝴蝶,偶尔扇动几下翅膀,可以在两周以后引起美国得克萨斯州的一场龙卷风。"其原因就是蝴蝶扇动翅膀的运动,导致其身边的空气系统发生变化,并产生微弱的气流,而微弱的气流的产生又会引起四周空气或其他系统产生相应的变化,由此引起一个连锁反应,最终导致其他系统的极大变化。蝴蝶效应在其他自然科学领域同样存在,并且这种现象使得对未来大气运动的描述不可能做到精雕细刻。

第三,自然现象的演变很复杂,许多现象受到各种因素的外在干扰,其演变规律有着一定的随机性。这种随机性使得不可能准确预报自然现象的细节。这种随机性是外界因素干扰造成的,称之为外在随机性。混沌现象是描述事物发展的数学方程中固有的,称之为内在随机性,两种随机性同时影响天气预报的精度。

7.4 天气预报的历史有多久

事实上,从史前开始,人类就试图预测一天或者一个节气之后天气会是怎样。公元前 650 年左右,巴比伦人凭借观察云的样子来预测天气;公元前 340 年左右亚里士多德在他的《天象论》中描写了不同的天气状态;中国人至少在公元前 300 年左右就有了进行天气预报的记录。古代天气预报主要是依靠一定的天气现象,比如人们观察到晚霞之后往往有好天气。这种建立在经验之上的观察积累多了,就形成了很多天气谚语,如"朝霞不出门,晚霞行千里""东虹日头西虹雨"等,今天这些谚语在我国仍然广为流传,但也有不少谚语后来被证明是不正确的。

17 世纪中叶,意大利人托里拆利发明了气压表,气象观测进入到应用仪器阶段,随着气象站的建立和气象理论的发展,出现了根据当地气象资料演变规律来预测未来天气的单站预报方法。但很长时间里人们只能使用当地的气象数据,因为当时人们无法快速地将数据传递到远处,以便进行综合全面的天气分析。

1837 年电报被发明后,地面和高空的气象报告可以被较快地传递和集中,欧洲出现了天气图,人们才能够使用大面积的气象数据来进行天气预报。19 世纪后半叶,英法等国一些科学家开始用分析天气图来制作天气预报。1857 年荷兰人白贝罗发现了风压定律;1917 年至 1928 年挪威人皮叶克尼斯父子和瑞典人贝吉龙等创立了气团、锋面的学说;1937 年至 1939 年美籍瑞典人罗斯贝创立了大气长波理论,使天气图预报方法由浅入深臻成熟。

1950 年,美国人查尼、挪威人弗约托夫脱和美国人纽曼使用电子计算机制作以大气动力学为基础的数值天气预报首次取得成功,从此数值天气预报方法逐步成为天气预报的主要方法之一。

20 世纪,气象学发展迅速,人类对天气及其形成过程的了解也越来越清楚。数值天气预报随电脑硬件发展出现并且发展迅速,现在成为天气预报最主要的方式。如今,很多国家都发射了气象卫星,用来观测云层,传回数据,天气预报的准确程度大大提高。

7.5　现代天气预报是源自于战争吗

1853—1856 年,为争夺巴尔干半岛,沙皇俄国同英法两国爆发了克里米亚战争,结果沙俄战败,正是这次战争,导致了现代天气预报的出现。

这是一场规模巨大的海战。1854 年 11 月 14 日,当双方在欧洲的黑海展开激战时,风暴突然降临,最大风速超过 30 m/s,海上掀起了万丈狂澜,使英法舰队险些全军覆没。事后,英法联军仍然心有余悸,法军作战部要求巴黎天文台台长勒佛里埃仔细研究这次风暴的来龙去脉。那时还没有电话,勒佛里埃只有写信给各国的天文、气象工作者,向他们收集 1854 年 11 月 12—16 日 5 天内当地的天气情报。勒佛里埃一共收到 250 封回信,他根据这些资料,经过认真分析、推理和判断,查明黑海风暴来自茫茫的大西洋,自西向东横扫欧洲,出事前两天,即 11 月 12、13 日,欧洲西部的西班牙和法国已先后受到它的影响。

勒佛里埃望着天空飘忽不定的云层,陷入了沉思:这次风暴从表面上看来得突然,实际上它有一个发展移动的过程,电报已经发明了,如果当时欧洲大西洋沿岸一带设有气象站,及时把风暴的情况电告英法舰队,不就可以避免惨重的损失吗? 于是,1855 年 3 月 19 日,勒佛里埃在法国科学院做报告说,假如组织气象站网,用电报迅速把观测资料集中到一个地方,分析绘制成天气图,就有可能推断出未来风暴的运行路径。勒佛里埃的独特设想在法国乃至世界各地引起了强烈反响。人们开始认识到准确预测天气不仅有利于行军作战,而且对工农业生产和日常生活都有极大的好处。由于社会上各方面的需要,在勒佛里埃的积极推动下,1856 年,法国建立了世界上第一个正规的天气预报服务系统。

7.6 天气图是什么

1820 年,德国人布兰德斯将过去各地的气压和风的同时间观测记录填入地图,绘制了世界上第一张天气图。1851 年,英国人格莱会在英国皇家博览会上展出第一张利用电报收集各地气象资料而绘制的地面天气图,这是近代地面天气图的先驱。20 世纪 30 年代,世界上建立高空观测网之后,才有了高空天气图。

天气图是填有各地同时间的气象观测记录、能反映一定区域天气情况的特制地图,主要有地面天气图、高空天气图(等压面图)和辅助图三类,若按天气图图面范围的大小分类,则有全球天气图、半球天气图、洲际天气图、国家范围的天气图和区域天气图等。天气图上的气象观测记录是由世界各地的气象站用接近相同的仪器和统一的规范,在相同时间观测后迅速集中而得。地面天气图每天绘制 4 次,分别用北京时间 02 时、08 时、14 时、20 时(即世界时 18 时、00 时、06 时、12 时)的观测资料;高空天气图一天绘制两次,用北京时间 08 时、20 时(即世界时 00 时、12 时)的观测资料。天气图能显示各种天气系统和天气现象的分布及其相互关系,是分析判断天气变化、制作天气预报的基本工具。

地面天气图也称地面图,是用于分析某大范围地区某时的地面天气系统和大气状况的图。在图中某气象站的相应位置上,用数值或符号填写该站某时刻的气象要素观测记录。所填的气象要素有气温、露点、风向和风速、海平面气压和 3 h 气压倾向、能见度、总云量和低云量、云状、低云高、现时天气和过去 6 h 内的天气、过去 6 h 降水量、特殊天气现象(如雷暴、大风、冰雹)等。根据各站的气压值画出等压线,分析出高、低气压系统的分布;根据温度、露点、天气分布,分析并确定各类锋的位置。这种天气图综合表示了某一时刻地面锋面、气旋、反气旋等天气系统和雷暴、降水、雾、大风和冰雹等天气所在的位置及其影响的范围。

高空天气图也称高空等压面图或高空图,是用于分析高空天气系统和大气状况的图。某一等压面的高空图填有各探空站或测风站在该等压面上的位势高度、温度、温度露点差、风向风速等观测记录。根据有关要素的数值分析等高线、等温线并标注各类天气系统。等压面图上的等高线表示某一时刻该等压面在空间的分布,反映高空低压槽、高压脊、切断低压和阻塞高压等天气系统的位置和影响的范围。

辅助图包括热力学图表、剖面图、变量图、单站图等。热力学图是根据干空气绝热方程和湿空气绝热方程制作的图表,也称绝热图表。这种图上一般印有等压线(纵坐标)、等温线(横坐标)、干绝热线(等位温线)、湿绝热线(等相当位温线)和等饱和比湿线。可分析气象站上空大气稳定度状况或计算表征大气温、湿特性的各种物理量。剖面图是用于分析气象要素在铅直方向的分布和大气的动力、热力结构的图。图上填有各标准等压面和特性层的气温、湿度和风向风速,绘有等风速线、等温线、等位温线、锋区上、下界等。它分为空间剖面图和时间剖面图两种。前者用多站同时的探空资料,表示某时刻沿某方向的铅直剖面上大气的物理特性;后者用单站连续多次的探空资料,表示某一时段内该站上空大气状况随时间的演变情况。变量图又称趋势图,可反映某气象要素过去 12 h 或 24 h 的变化状况。常用的有变压(高)图和变温图。较强的大范围气象要素变量区,对该要素未来的变化趋势有一定的预示性。单站图是用极坐标绘制的单站高空风图,它可以表示测站附近的高空风的铅直切变强度等动力状况和各层冷、暖平流的热力状态,也有地面或高空某些要素随时间变化和偏离正常情况的曲线图等。

7.7　宁波主要天气预报产品有哪些,从哪些渠道可以获得

7.7.1　气象灾害预警类产品

产品种类	发布时间	主要内容	发布渠道
气象灾害预警信号	24 h 随时发布	台风、暴雨、暴雪、寒潮、大风、大雾、雷电、冰雹、霜冻、高温、干旱、道路结冰和霾预警信号	宁波电视台 宁波人民广播电台(新闻广播、经济广播、交通广播,下同) 宁波气象信息网站 宁波气象政务网站 气象信息显示屏 声讯 96121 气象预警手机短信 中国气象频道 手机 APP 气象预警广播
热带气旋消息、警报、紧急警报	视热带气旋可能影响情况提前 72 h 每天 6、11、17、21 时发布	热带气旋位置、移动方向、移动速度、影响时间以及可能对宁波造成的风雨影响	
暴雨警报	视天气形势发布	暴雨影响时段、区域范围和强度等信息	
冷空气消息 降温报告 寒潮警报 低温报告	视冷空气可能影响程度提前 1 天以上每天 6、11、17、21 时发布	冷空气强度、影响开始时间、影响持续时间、过程降温幅度、过程最低气温等信息	
高温报告	视高温情况每天 6、11、17、21 时发布	35℃ 以上高温天气及高温强度	

7.7.2 常规气象预报类产品

产品种类	发布时间	主要内容	发布渠道
3 h天气预报	8、11、14、17、20时	未来3 h天气、气温、风向风力等预报	声讯96121、气象信息显示屏
短期天气预报	每天6、11、17、21时	今天、明天、后天的天气、风向风力、最高气温、最低气温;以及可能出现的台风、暴雨、高温、冷空气等灾害性天气	宁波人民广播电台;宁波电视台一套新闻综合频道、二套社会生活频道、三套文化娱乐频道、四套影视剧频道、五套少儿体育频道;宁波气象信息网站、宁波气象政务网站;气象信息显示屏;声讯96121;手机短信(需征订);中国气象频道;手机APP
	各报纸发布时间不同	今天、明天、后天天气、风向风力、最高气温、最低气温	宁波日报、宁波晚报、东南商报、现代金报
今日天气特别提醒	每天9时天气变化时不定时修改	针对天气特点或重大活动进行必要提醒	宁波电视台(不固定)、气象信息显示屏、声讯96121、宁波气象信息网站
上下班天气预报	每天8、17时发布	7—9时上班、16—19时下班天气、风向风力、气温	声讯96121
	每天11、16时发布		宁波电视台一套新闻综合频道、二套社会生活频道(今天下班、明天上班、明天下班)、中国气象频道
1~10天(节假日)天气预报	每天16时发布	天气、气温	声讯96121、手机APP
双休日天气预报	每天16时发布	天气、气温	声讯96121、手机APP
一周天气回顾与展望(中期)	每周日或周一发布	本周天气特点回顾,下周天气趋势预测及建议	宁波电视台一套新闻综合频道、二套社会生活频道、三套文化娱乐频道、气象信息显示屏
城市火险气象条件等级预报	每天16时发布	城市火险等级预报	宁波气象信息网站、宁波电视台二套社会生活频道、宁波晚报
森林火险气象条件等级预报	10月至次年4月每天16时发布	森林火险等级预报	宁波电视台二套社会生活频道、宁波人民广播电台、中国气象频道

续表

产品种类	发布时间	主要内容	发布渠道
空气质量预报	每天 16 时发布	空气质量等级、首要污染物等预报	宁波电视台一套新闻综合频道、二套社会生活频道、中国气象频道、宁波气象信息网站、宁波晚报；手机 APP
地质灾害预报	4—9 月每天 15 时（与市国土资源局联合发布）	宁波市地质灾害气象风险预报（警）；等级预报分布图	宁波电视台一套新闻综合频道、二套社会生活频道、三套文化娱乐频道、中国气象频道；宁波气象信息网站、宁波气象政务网站；手机 APP
各类生活气象指数预报	每天 16 时发布	行车安全指数、人体舒适度指数、紫外线指数、穿衣指数、医疗气象指数、中暑指数、感冒指数等	宁波电视台二套社会生活频道；宁波气象信息网站、宁波气象政务网站；气象信息显示屏；声讯 96121、宁波人民广播电台、宁波晚报；手机 APP
海洋天气及环境预报	每天 16 时发布	海洋天气预报，海温及潮汐预报，海浪预报，三江口潮位预报	宁波电视台一套新闻综合频道、三套文化娱乐频道；宁波气象信息网站
	每天 8、17 时发布海洋天气预报		声讯 96121
旅游气象，主要城市天气预报	每天 16 时发布	周边城市、旅游景点、国内主要城市天气预报	宁波电视台一套新闻综合频道、宁波电视台三套文化娱乐频道、宁波气象信息网；东南商报；气象信息显示屏、宁波晚报
	每天 8、17 时发布		声讯 96121
国际主要城市天气预报	每天 17 时发布	世界主要城市预报；港、澳、台地区天气预报	声讯 96121

7.7.3　常规气象监测实况类产品

产品种类	发布时间	主要内容	发布渠道
雨量监测分布图	每小时整点后	宁波及各县(市)区每小时累计雨量分布	宁波气象信息网站；手机 APP
气温监测分布图	每小时整点后	宁波及各县(市)区每小时整点气温分布	
最高、最低气温监测分布图	每小时整点后	宁波及各县(市)区每小时最高、最低气温分布	
各类下垫面温度	每小时整点后	草地、花岗岩、沥青、水泥四种下垫面温度曲线图	
气压分布图	每小时整点后	宁波及各县(市)区每小时气压分布	
湿度分布图	每小时整点后	宁波及各县(市)区每小时湿度分布	
卫星云图	每小时整点后	全国云系分布情况	
雷达图	每 6 min	宁波雷达资料	
天气形势图	8、20 时后	欧亚天气图	
数值预报产品	2、8、14、20 时后	WRF 中尺度数值模式预报产品	
台风专题	实时发布	台风报告单及台风路径图等	

7.7.4 与百姓相关的专业气象服务类产品

产品种类	发布时间	主要内容	发布渠道
节假日气象服务	节日前期及节日期间	元旦、春节、清明、五一、端午、中秋、十一等节假日天气预测	宁波电视台、宁波人民广播电台、报纸、宁波气象信息网站、声讯96121
重大社会活动气象保障服务	重大活动前及活动期间	两会、春运、中高考、浙洽会、消博会、开渔节、港口文化节等重大活动天气预测和现场保障	宁波电视台、宁波人民广播电台、宁波气象信息网站
高速公路路况查询	每天16时发布	高速公路路况信息、高速公路人工座席查询	声讯96121
气候评价	每月初发布	宁波上月、季、年度气候评价	宁波气象信息网站
农气月报	每月初发布	宁波上月农业气象评价	
气候公报	春节前后	宁波上年度气候公报	宁波气象信息网站、宁波农经网站
宁波十大天气气候事件	每年年初	宁波上年度十大天气气候事件	
农用天气预报	每周一	根据天气预报,结合农时农情,提出合理农事建议	宁波电视台一套新闻综合频道天气连线节目、宁波气象信息网站
雷电监测公报	每年年初	上年度雷电监测、灾害公报	宁波气象信息网站
气象网上咨询	及时回复	有关天气、气候等各方面的咨询	宁波气象信息网站

7.8 收听收看到的天气预报常用语有哪些

天气预报中使用的一些术语,如预报时段、预报的气象要素等,在气象上都有严格的规定,以下作简要说明。

时间用语	时间段(北京时)	时间用语	时间段(北京时)
白天	8—20时	凌晨	3—5时
早晨	5—8时	上午	8—11时
中午	11—13时	下午	13—17时
傍晚	17—20时	夜里	20时至次日8时
上半夜	20—24时	下半夜	次日0—5时
半夜	23时至次日1时		

天空状况用语	说明
晴天	天空无云,或中、低云云量不到天空的 1/10,或高云云量不到天空的 4/10
少云	天空有 1/10 至 3/10 的中、低云,或有 4/10 至 5/10 的高云
多云	天空云量较多,有 4/10 至 7/10 的中、低云,或有 6/10 或以上的高云
阴天	中、低云云量占天空面积的 8/10 或以上

降水用语	说明
零星小雨	降水时间很短,24 h 降雨量不超过 0.1 mm
阴有雨	降雨过程中无间断或间断不明显的现象
阴有时有雨	降雨过程中时阴时雨,降雨有间断的现象
阵雨	雨势时大、时小、时停,雨滴下落和停止都很突然的液态降水
雷阵雨	降水时伴有雷声或闪电的阵雨
局部地区有雨	降水地区分布不均匀,有的地方下,有的地方不下

7.9 人们对天气预报的认识有哪些误区

气温误区:气象台预报的气温,是按照世界气象组织统一规定的,指放在露天草坪上、离地 1.5 m 高度处的百叶箱里空气的温度,代表的是当地近地面空气的温度,并不是室内外、树荫下、阳光下、柏油马路等不同环境下的温度(图 7.1)。另外,人的体感温度受多方面因素的影响,不仅与气温有关,还与空气的湿度、风向、风速、气压以及天空中的云量有关。

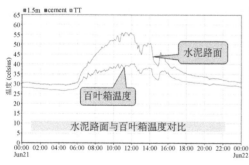 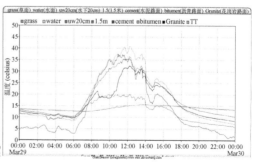

图 7.1 不同下垫面的温度差异

雨量误区:在天气预报中,降水量级是按 24 h 的降水量来划分的。但是人们往往用雨滴(雪花)大小和下得急不急来衡量雨(雪)量的大小,这是一个误区。有时雨滴不大,下得也不紧,绵绵不断仿佛下了一天“小雨”,但是由于持续了很长时间,雨量并不小。有时雨下得急,但只持续十几分钟甚至几分钟,实际上降水量并不大。

时间误区:天气预报的一天是以 20 时为界,白天指当天 8—20 时,夜里指当日 20 时至次日 8 时。

7.10 天气预报中常听到"有时""局部"等词语,就不能更确定、更具体吗

由于大气系统的复杂性,大气运动的很多规律、影响天气变化的许多因素人类还不清楚。就天气影响系统而言,就有大尺度天气系统、中尺度天气系统、小尺度天气系统等,像雷暴等强对流天气具有很强的离散性,气象谚语中就有"夏雨隔牛背"的说法。即使最常见的下雨,它和温度、气压、湿度、风力等诸多因素有关,其中任何一个因素发生变化都可能差之千里,同时它还和地形、地貌等多种环境因素有关,即使在一个范围很小的区域中,天气也常常会迥然不同。比如,许多人坐车经过余姚或宁海的山边时,会发现那里的雨比一般地方大,或者其他地方不下雨,唯独这一带在下雨。更准确的预报依赖于对大气状况更准确地把握,并通过不断的滚动式预报来修订误差,使预报在时空上更加"精细化",不断提高气象预报的准确率,这是气象工作者永恒努力的方向。

7.11 如何正确使用天气预报

首先,应以本地区的气象台、站的最新天气预报为主,避免过时信息。本地气象部门在做预报时,就兼顾了全省、全国的天气实况,并充分考虑本地地理环境和气候特征,预报更符合当地实际情况。其次,在使用天气预报时要做好预案,一方面根据天气预报安排各类生产和活动,另一方面要防止预报误差,这样才能争取主动,防患于未然。

7.12 未来的天气预报是啥样

受多种因素影响,未来几年我国的天气预报发展面临着巨大的挑战。

首先,天气预报准确率要有明显提高。要提高天气预报准确率,关键是要提高预报精细化程度(定时、定点、定量),即最好能够预报出几时几分在什么位置下多大的雨。比如,明天需要看一场电影,天气预报能不能告诉观众,电影院下多少雨,电影结束散场时会不会下雨,这是未来天气预报需要解决的一个难题。

其次,推出人性化的天气预报。现在,人们每天都在用天气预报,但往往听了天气预报,还是不知道明天穿什么衣服合适。这就说明,天气预报中应该包含一些和人们衣食住行息息相关的内容。比如说温度预报,要突出降温对人类生活、工作具体有哪些影响。这就要求未来的天气预报要在预报用语方面狠下工夫,要做到贴近公众的生活需求,贴近一些用户的需求。

其三,可随时随地获取天气预报信息。尽管现在手机和网络上随时都有天气预报信息,但是这往往是在城市,而一些偏僻的农村由于传输渠道受阻,天气预报做出来了,传不出去。由此可见,天气预报信息的传播是至关重要,必须让用户方便地获取一些急需得到的天气预报信息。

其四,天气预报中需涵盖灾害影响信息。对防灾减灾来说,天气预报不仅要预报天气信息,也要预报出灾害的影响程度。比如,下了一场雨,会不会发生滑坡、泥石流,城市受淹程度如何,出现强降温,对哪些行业会造成多大程度的影响等,这也是未来天气预报努力的方向。

7.13　常用气象术语有哪些

降水量:降落在地面上的雨水未经蒸发、渗透和流失而积聚的深度,以毫米(mm)为计量单位。降水分为液态降水和固态降水。

气温:指标准观测场内距地面 1.5 m 高度处百叶箱中所测得的温度,单位为℃。

气压:大气有重量,而且大得惊人,因而会产生压力,称为大气压,单位为 hPa。

能见度:指能够从天空背景中看到和辨认目标物轮廓和形体的最大水平距离,单位为米(m)。

雾:近地面空中浮游大量微小的水滴或冰晶。根据水平能见度大小分为轻雾(能见度 1～10 km)、雾(能见度 500～1000 m)、浓雾(能见度 50～500 m)和强浓雾(能见度不足 50 m)。

霾:空气中因悬浮着大量的烟、尘等微粒而形成的混沌现象,能见度小于 10 km。

寒潮:指北方大范围的冷气团聚集到一定程度后,在适宜的高空大气环流作用下,大规模向南入侵,其所经之处常会造成大范围的雨雪、大风和强降温天气。因地域不同,各地寒潮标准也略有差异。在宁波,寒潮是指受强冷空气影响,日平均气温 24 h 内下降 10℃ 或 48 h 内下降 12℃ 以上,且最低气温在 5℃ 或以下的天气。

冷空气:天气系统与寒潮相同,可按降温幅度不同分为强冷空气和中等强度冷空气。强冷空气是指冷空气南下后日平均气温的过程降温幅度 ≥8℃,而中等强度冷空气是指冷空气南下后日平均气温的过程降温幅度 4～8℃。

倒春寒:一般来说,4月5日以后,连续3天或以上日平均气温≤11℃。

连阴雨:连续降水日数≥3天,日照时数≤2 h的天气过程。连阴雨易造成空气和土壤长期潮湿,日照严重不足,影响作物正常生长、果实发芽霉烂而减产。

入梅:在一定季节,日平均气温超过22℃,连续出现5天以上的阴雨天气(日雨量≥1 mm,允许其中2天<1 mm或有1天无雨),以后出现多阴雨天气,无连续5天或以上的无雨天气出现,以日雨量≥1 mm为梅雨开始。

出梅:连阴雨天气结束,出现5天以上的无雨天气(允许1天有雨),以后不再出现5天以上的阴雨天气,以最后日雨量≥0.1 mm的日期为出梅日期。

梅汛期:入梅后至出梅的时段。

高温伏旱期:出梅后,受副热带高压影响出现的晴热少雨天气,一般持续40天左右。

强对流天气:指的是发生突然、天气剧烈、破坏力极强,常伴有雷雨大风、冰雹、龙卷风和局部强降雨等天气现象的强烈对流性灾害天气,是具有重大杀伤力的灾害性天气之一。强对流天气发生于中小尺度天气系统中,其空间尺度小,一般水平范围在十几千米至二三百千米,有的只有几十米至几千米。其生命史短暂并带有明显的突发性,为一小时至十几小时,较短的仅有几分钟至几十分钟。宁波的强对流天气多出现于夏季,常发生在弱冷空气渗透或副热带高压边缘等天气系统中。

台汛期:一般指出梅后至9月底的时段。

7.14　世界气象日的由来

每年的3月23日是世界气象日。

1947年9至10月,国际气象组织(IMO)在美国华盛顿召开了45国气象局长会议,决定成立世界气象组织(World Meteorological Organization,WMO),并通过了世界气象组织公约。公约规定,当第30份批准书提交后的第30天,即为世界气象组织公约正式生效之日。1950年2月21日,伊拉克政府提交了第30份批准书,3月23日世界气象组织公约正式生效,标志着世界气象组织正式诞生。为纪念这一特殊的日子,1960年6月,世界气象组织执委会第20届会议决定,把3月23日定为"世界气象日"。从1961年开始,每年的这一天,世界各国的气象工作者都要围绕一个由WMO选定的主题进行纪念和庆祝。

7.15　宁波为什么会有"梅雨"天

每年 6—7 月梅子成熟的时候,常常阴雨绵绵,这个时期就叫作梅雨期。由于天气温暖潮湿,诸物易霉,故也叫"霉雨"。那么为什么会有"梅雨"或"霉雨"呢? 因为每年的 6—7 月,南方的暖湿空气已经很强大,常常向北伸展到江淮流域。但在这个时期,北方的冷空气仍旧有相当的力量,也经常侵袭这个地区。因此,冷暖空气就在江淮流域交汇。由于暖空气比冷空气轻,它便沿着冷空气上升,暖空气带来的大量水汽在爬升中凝结成云,并且形成了一条只有 200～300 km 宽的狭长雨带。南方的暖湿空气和北方的干冷空气在梅雨期间强度不分强弱,有时冷空气强些,有时暖空气强些。如果北方冷空气加强,把雨带向南压,雨带就偏南一些;若暖湿空气加强,推着雨带向北移,雨带就偏北一些。总之,双方势均力敌,因此,雨带一直在江淮流域南北摆动,使这一带天气潮湿多雨。

但这种情况也不是固定不变的。有的年份梅雨期很长,有的年份梅雨期很短。原因是有的年份暖空气特别强大,会一下子把冷空气推向北方,这样,冷、暖空气在江淮流域交锋的时间就短了,梅雨就不显著。

宁波平均入梅日期为 6 月 13 日,出梅日期为 7 月 7 日,梅雨期 24 天,全市梅雨量平均 234 mm,其中市区 243 mm。

7.16　影响宁波的天气系统主要有哪些

【锋面】简称锋,是冷暖气团之间的一条过渡带。当冷空气主动推动暖空气移动时,这过渡带就叫冷空气前锋,简称冷锋。反之,就称为暖空气前锋,简称暖锋。当冷暖空气相持少动时,这个过渡带称为静止锋。锋面附近往往伴随多种天气的发生发展。当冷锋经过某地时,云系增多,气温降低,气压升高,出现偏北大风和雨(或雪)天气;暖锋影响前后的天气特点是云系多变,气温上升,吹偏南风,并伴有阵雨或雷雨天气;在静止锋附近地区常常出现长时间的阴雨天气。

【槽线】低压中心向外伸展出去的部分叫低压槽,在低压槽内把气压最低的点连接起来的线叫槽线。槽线两侧有明显的温度差异和风向转变。在北半球中纬度,槽后一般为偏北气流,槽前为偏南气流,呈逆时针旋转,并有辐合上升运动,所以多阴雨天气。

【脊线】高压向某一方向伸展出去的部分叫高压脊,高压脊中把气压最高的点连接起来的线叫脊线。在北半球高压脊内的气流呈顺时针旋转,并有下沉运动,所以天气晴好。

【切变线】风场里沿某一交界线的两侧,风的沿线分量有明显的不同,则此交界线叫切变线,如东北风与西南风之间或西南风与东南风之间的分界线。在切变线两侧气流呈逆时针方向转变,空气往往辐合上升,因而天气不稳定,多阴雨。

【副高】全称副热带高压,是大气环流中的重要系统,负责着中高纬度与低纬度之间大气的水汽、热量及能量的输送和平衡,它与热带辐合带、低纬度东风带等同属行星尺度天气系统。西太平洋副热带高压(以下简称副高)是宁波天气预报中使用频率颇高的一个词,它对宁波的天气有着重大的影响。首先,副高是高温天气的始作俑者。由于副高内部盛行下沉气流,空气增温剧烈且气压梯度小,受其控制的地区常以云淡风轻的高温天气为主。如果副高强盛并在宁波较长时间滞留,那么宁波就容易出现高温干旱。其次,副高与雨带位置息息相关。副高的强弱、进退与我国的天气格局及旱涝极其密切。每年 6 月中旬至 7 月初的梅雨就是雨带位置随副高北抬而北移至江淮流域的结果,可以说,宁波的入梅与出梅都与副高有着必然的联系。另外,台风的移动路径与副高的位置、强弱关系密切。台风一般沿着副高的南侧与西侧移动,台风的登陆位置和转向点很大程度上取决于副高。

7.17　台风预报的难点在哪里

台风路径的预报偏差是台风风雨预报最大的难点,目前国际先进水平的 24 h 路径误差仍有 100 km,更何况还有路径不规则甚至路径诡异的台风。台风强度受海表温度、高低层风切变、台风移动速度等因素的影响,有时也很难准确预报台风强度的变化,使得对台风影响程度的判断出现偏差。另外,台风云团分布不均匀、大气环境场的变化也会对台风风雨落区预报产生影响。

7.18　台风登陆后为何还有那么大的降水

台风的能量来源是水汽凝结释放的潜热,所以说水汽是台风的生命之源。一般情况下,台风登陆后逐步深入内陆,水汽来源被切断,再加上地表的摩擦,台风会迅速减弱并消亡。但仍有相当部分台风如"温妮""麦莎""卡努"登陆后向西北偏北方向移动,仍有充足的水汽供应,所以减弱较慢,因而降水可以持续,而且前进右前方是强水汽辐合带,还有造成强降水的可能(图 7.2)。

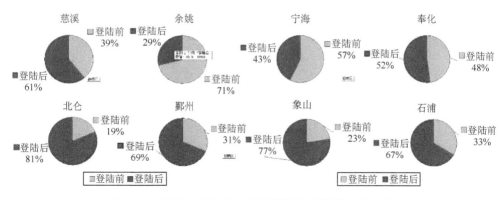

图 7.2　2005 年 0509 号台风"麦莎"登陆前后降水量对比

7.19　"菲特"为何致灾严重

2013 年 23 号台风"菲特"降雨强度之大、影响范围之广、损失之大列新中国成立以来第二位，究其原因有以下 4 点：①"菲特"本身强度强，又是秋台风，降水量大；②与 24 号台风"丹娜丝"相互作用，双台风效应较明显；③短时雨强破纪录，过程雨量不仅超过登陆宁波的 1211 号台风"海葵"，而且打破了宁波 1 h、3 h、6 h 和 24 h 降水量的历史纪录；④弱冷空气助阵，风、雨、潮三碰头。

7.20　如何根据风向判定台风中心的方位

夏秋季节影响宁波的台风直径大多达到 1000 km 以上，在这样大的水平范围内，各处风向的分布却是很有规律的。因为台风是低气压，它的中心气压最低。当空气从四周向台风中心集中时，要受到地球自转的影响，因此，风向要偏转一个角度。这种偏转，就造成了北半球台风的风向总是以反时针方向从四周吹向中心。所以台风区内各处的风向是不同的，但在一定地方又有一定的风向。另外在台风中，愈接近台风的中心，空气愈密集，那里的风向几乎是沿着以台风中心为圆心的圆周运动，因此，风向以反时针方向指向中心的偏角（即风向与圆周切线之间的夹角）也愈小；离台风中心愈远，这个偏角就愈大。同时，越接近台风中心，风力就越大；离台风中心越远，风力则越小。所以不论你站在台风中的哪一个地方，只要你背风而立，台风中心一定在你的左前方 45°至 90°的方向内。这里需要说明的是，台风眼中反而是晴空、弱风甚至静风。

7.21　打雷时电灯为什么会突然暗一下

打雷时,细心的市民会发现电灯突然暗一下,却不知道是什么原因。其实,这是避雷设施在起作用。我们的供电线路上除了一些看得见的避雷装置,还设有自动重合闸装置,能确保发生严重雷击等瞬时故障后在极短时间内恢复供电。

7.22　天文大潮一般在什么时候

天文大潮又称"朔望雨"。在朔日和望日,月球、太阳和地球三者近乎处于一直线上,月球和太阳引起的潮汐相互叠加,使海平面的升降幅度较大,故称"大潮"。实际上受其他因素影响,大潮一般会延迟二三日,民间有"初三水,十八潮"的谚语,即农历每月的初三、十八前后是天文大潮期。

7.23　为什么清明时节会"雨纷纷"

"清明时节雨纷纷,路上行人欲断魂。借问酒家何处有,牧童遥指杏花村。"一千多年前,唐朝诗人杜牧写下的这首《清明》流传至今,成了诗歌中的经典之作,每到清明来临之际,都会被无数人朗诵吟咏。其中的"清明时节雨纷纷"一句,一千多年后成了清明期间最深入人心的天气标签。那么,为什么清明时节会"雨纷纷"呢?它有没有科学依据?虽然民间有各种说法,但从专业角度讲,"清明时节雨纷纷"是有科学依据的。

众所周知,清明是二十四节气中的第五个节气,表示春季时节的正式开始。每年的清明节都在 4 月 5 日前后,清明是表征物候的节气,含有天气晴朗、草木茂盛之意。这时,来自西伯利亚、长期霸占江南的冷空气开始减弱,海洋上的暖湿空气开始活跃北上。冷暖空气经常交汇,从而形成阴雨绵绵的天气。另外,在春天低气压非常多,低气压里的云走得很快,风很大,雨很急,每当低气压经过一次,就会出现阴沉、多雨的天气。由于这些原因,清明时节下雨的天气特别多。

宁波清明前后的 10 天(4 月 1—10 日)中,常年平均的雨日(日雨量≥0.1 mm)为 6.5 天,占三分之二,多的年份如 1964 年、1981 年、2010 年 10 天都在下雨,可见清明前后确实降水比较多。但也有反常的年份,如 1963 年、1988 年、1999 年则只有 2 天左右在下雨。

7.24　什么是人工影响天气

人工影响天气是指为避免或者减轻气象灾害,合理利用气候资源,在适当条件下通过科技手段对局部大气的物理、化学过程进行人工影响,实现增雨雪、防雹、消雨、消雾、防霜等目的的活动。在宁波,为缓解高温干旱或减轻森林防火压力,开展得最多的人工影响天气活动是人工增雨作业。人工增雨是运用云和降水物理学原理,采用发射火箭弹的方式,向云中播撒碘化银等催化剂,为水汽凝结、水滴增长提供有利条件,从而达到增加降雨量的目的。宁波从 2003 年开始实施人工增雨作业工作(图 7.3)。

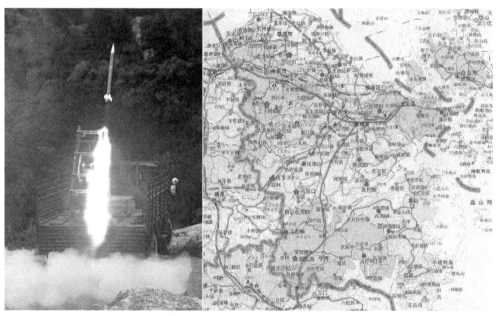

图 7.3　人工增雨火箭弹发射瞬间(左)和宁波现有人工增雨作业点(右,★为固定作业点,●为非固定作业点)

7.25　气候与天气的区别是什么

气候是长时期内(月以上时间尺度)气象要素及天气过程的平均或统计状况,通常用某一时段的平均值以及相对于平均值的偏差来表征,主要反映一个地区的冷、暖、干、湿等基本特征。气候平均值通常以最近的三个年代(30 年)计算。例如我们可以说,昆明四季如春、长江流域的大部分地区是四季分明的温带气候等。

而天气是指某一地区距离地表较近的大气层在短时间内的具体状态,其表现为发生在大气中的各种自然现象,包括风、云、雾、雨、闪、雪、霜、雷、雹、霾等。例如我们可以说,今天天气很好、昨天风雨交加等。

7.26 宁波的气候概况是怎样的

宁波位于北亚热带湿润型季风气候区,气候温和湿润,四季分明,冬夏季风交替明显,雨量丰沛。由于宁波倚山靠海,特定的地理位置和特殊的地形特征,多受大陆气团和海洋环流的共同影响,形成了天气复杂多变,各地气候差异明显、气候类型多样、气候资源丰富、灾害天气种类多且发生频繁的气候特点。如各海岛具有气温年较差小、冬暖夏凉的海洋性气候特色,气候湿润、光照条件较好、风力资源丰富等,但易受台风影响;西部山区则立体气候特征明显,光照、气温、降水随高度变化显著,水资源相对丰富,但也极易产生洪涝或干旱;平原地区受季风影响明显,易出现干旱缺水等灾害。

宁波的年平均气温在 17.6℃ 左右,平均气温以 7 月份最高,为 28.8℃,1 月份最低,为 4.2℃。平均气温呈东高西低地区空间分布,主要暖区在东南沿海港湾区,暖中心在象山南部沿海。中部、北部平原区系均温场,温差不大。西部四明山区甘竹岭附近、西南部宁海茶山、象山大雷山间为明显低温中心。近 15 年来,市区日最高气温超过 35℃ 的高温日数年平均为 22.4 天。

宁波境内雨量分布南部多于北部,内陆多于沿海。多雨区集中在西部山区,宁海双峰、余姚大岚为两个主要多雨中心,年降水量达 2000 mm 以上。北部滨海为少雨区,年降水量在 1200 mm 左右。年平均降水量为 1431.5 mm,5—9 月,占全年降水量的 60%,年雨日 150.6 天。全年有两个相对雨期。4—7 月第一个雨期为春雨连梅雨,其中 4—5 月的春雨期雨日多、强度弱,年均雨量 250.6 mm,占年总雨量 17.8%;6—7 月梅雨期,值梅子黄熟时节,又称"黄梅雨",年均雨量 357.1 mm,占年总雨量 24.9%;平均入梅日期 6 月 13 日,平均出梅日期 7 月 7 日,平均梅雨持续时间 24 天,平均梅雨量 234 mm。8—9 月第二个雨期为秋雨台风雨,多狂风暴雨,年均雨量 340.2 mm,占年总雨量 23.8%。月降雨量最多是 6 月,平均 202.6 mm;最少是 12 月,平均 66.3 mm。

雾日沿海多于内陆,最多石浦年均 56.6 天,最少奉化年均 9.4 天。

降雪一般出现在 11 月至次年 3 月,积雪一般出现在 12 月至次年 3 月,最多 1—2 月。年均降雪日数,最少北仑 2.5 天,最多象山 4.3 天,但山区远多于平原。

宁波境内风向分布具有典型的季风特征,夏季盛行东南风,冬季多西北风,春秋两季为冬夏季风交替期,风向不稳定,春季多偏南风,秋季多偏北风。正常年份,市区

9 月至次年 3 月西北风居多,4—8 月东南风为主。市区年均风速 2.1 m/s。沿海以石浦风速最大,年均风速 4.8 m/s。风速年分布,隆冬、初春大,初夏、秋日小。风力 8 级或以上大风日,内陆年均 1～4 天,沿海 22～38 天。

宁波境内相对湿度年均 79.2% 左右,各地区差异不大,属全国最湿润地区之一。相对湿度季节变化明显。石浦等滨海地区 6 月最高,其余地区 6 月、9 月最高。6 月相对湿度 80%～89%;9 月 78%～83%。12 月最小,月均 72%～78%。蒸发量年均 1200～1500 mm,北部多于南部,高蒸发量时段为 4—10 月,高峰期 7 月、8 月,月蒸发量 200 mm 左右。

宁波年平均日照时数 1724.7 h,按月来看,最多 7 月 220.2 h,最少 1 月 101.0 h。日照时数地域分布以北纬 29°45′ 为界,北部平原地区略多于南部山地丘陵地区,为 1724.7～1835.9 h,南部的奉化、宁海、象山年日照时数 1622.5～1807.0 h。日照时数南北地域间年均差 61.8 h。

宁波平均初霜日在 11 月 22 日至 26 日;南部宁海最早初霜日 11 月 1 日,最迟 12 月 15 日;市区最早初霜日 11 月 9 日,最迟 12 月 15 日;西北部余姚最早初霜日 11 月 9 日,最迟 12 月 13 日。平均终霜日在 3 月 21 日至 24 日;宁海最早终霜日 3 月 4 日,最迟 4 月 17 日;市区最早终霜日 3 月 4 日,最迟 4 月 9 日;余姚最早终霜日 2 月 25 日,最迟 4 月 9 日。无霜期 242～249 天。霜冻分早霜冻、晚霜冻。4 月 1 日后最低气温低于 4℃ 称为晚霜冻,对农业生产影响较大,频率大概 4 年到 5 年一遇。

宁波的四季是冬夏长(各约 4 个月)、春秋短(各 2 个月左右)。若以候平均气温 10～22℃ 为春、秋两季,＞22℃ 为夏季,＜10℃ 为冬季这一标准划分,一般是 3 月第六候入春,6 月第一候进夏,9 月第六候入秋,11 月第六候入冬。但在西部山区冬季比平原要长 1 个月,而夏季则要短近两个月,春、秋季比平原略长 1 旬,是春来迟秋去早。

冬季:由于多受蒙古高压控制,加之西伯利亚冷空气的不断补充南下,天气干燥寒冷。此时盛行偏北风。

夏季:受太平洋副热带高压控制,盛行东南风,多连续晴热天气,除局部雷阵雨外,还会受到台风或东风波等热带天气系统影响出现大的降水过程。

春季:是冬季风转换为夏季风的过渡性季节,由于冷暖空气在长江中下游交汇频繁,天气变化无常,时冷时热,阴雨常现,雷雨大风、沿海大风也经常出现。

秋季:是夏季风向冬季风转换的过渡季节,气候相对凉爽,但有时也会出现秋老虎,由于常有小股冷空气南下,锋面活动开始增多,常会出现阴雨天气。

7.27　天气气候异常的标准是什么

天气气候异常举世瞩目,近几年来,世界各地经常发生热浪、寒潮、洪水、干旱等灾害,给人类的生命财产造成重大损失。但对于什么样的天气称为异常天气,什么样的气候称为异常气候,人们在使用上往往比较随便。为了避免词类定义上产生混乱,世界气象组织对天气、气候异常,提出了两个定量的判断标准。其一是距平值达到标准差(又称均方差)2倍以上(不管近年是否出现过);其二是在最近完整的30年气象资料中未出现过的情况(不一定距平值超过标准差的2倍),或称30年以上一遇的罕见天气现象。而我们通常所说的"天气气候异常",不过指的是某个地区出现了30～50年或者百年之内只有一两次的那种罕见天气气候现象罢了。

7.28　什么是暖冬

暖冬这一名词,以往气象学上没有定义,是近几年气候变暖而产生的新的气象名词。参考气象学上的暖流、暖锋、暖气团等概念,气候专家把冬季冷暖这一现象分成暖冬和冷冬。即某年某一区域整个冬季(12月至次年2月)的平均气温高于气候平均值(一般取近30年平均)0.5℃时,称该年该区域为暖冬,反之为冷冬。暖冬的概念具有严格的科学定义,是否暖冬一定要看整个冬季的平均气温是否高于常年值。所以冬季里某一时段出现气温偏高(相对暖和)时就说是暖冬,另一时段气温偏低(相对寒冷)时又说是冷冬,这是不对的。

7.29　气候变化是指什么

气候变化是指气候平均状态和离差(距平)两者中的一个或两者一起出现了统计意义上的显著变化。《联合国气候变化框架公约》将气候变化定义为:经过相当一段时间的观测,在自然气候变化之外由人类活动直接或间接改变全球大气组成所导致的气候改变。

7.30　气候变暖是真的吗

气候变暖指在一段时间内,地球大气和海洋温度上升的现象。现有的研究表明,人类对气候的影响已经远远超过了自然过程变化导致的影响。交通、取暖、发电等人类活动中化石燃料的燃烧引起大气中 CO_2 等温室气体浓度增加,其产生的温室效应导致全球气候变暖。南极劳冰穹站(Law Dome)冰芯资料显示的近 1000 年大气 CO_2 浓度(图 7.4)和近 2000 年地球表面温度的变化(图 7.5)证明气候变暖正在发生,而宁波近年来气温的显著上升也印证了这一事实。

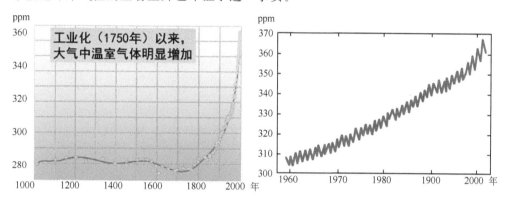

图 7.4　南极劳冰穹站冰芯资料显示的近 1000 年大气 CO_2 浓度(左)和夏威夷冒纳罗亚(Mauna Loa)观象台测量的大气 CO_2 浓度变化(右)

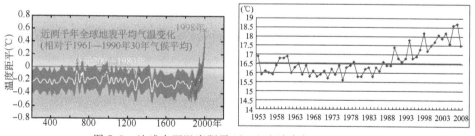

图 7.5　地球表面温度距平(左)和宁波市年平均气温(右)

7.31　气候变暖会带来哪些危害

全球气候变暖对地球来说可不是一件好事,升温超过 2℃,全球遭遇旱涝、饥饿、疟疾、水短缺的人数将大大增加,它直接影响人类和地球上其他生物的生存,带来的影响有以下几个方面：

①极端天气频发，天灾威胁加重。高温、极寒，洪涝、干旱等气象灾害的发生会日趋频繁，使死亡率、伤残率及传染病发病率上升，增加社会心理压力。夏季高温导致降温所需能源增加，造成用电受到限制。

②人类健康受到威胁。热浪冲击频繁加重，可致死亡及某些疾病，特别是心脏呼吸系统疾病发病率增加；受传染性疾病（如疟疾、登革热、黑热病和血吸虫病等）影响的人口数量可能增加。

③海平面上升，沿海地带、岛国命运堪忧。近 50 年来海平面呈上升趋势，速率为1.0～2.5 mm/年。国家海洋局近期发布公报称，35 年来我国海平面增长约 11 cm，近 10 年来海平面上升趋势明显。预计未来海平面还将继续升高，到 2050 年上升12～50 cm，珠江、长江、黄河三角洲附近海面上升 9～107 cm。而我国 70%大城市、一半人口和 60%国民经济生产都位于沿海低洼地区，海平面上升势必带来严重灾难。宁波地处沿海，全市大部分地区平均海拔高度都不到 50 m，全球海平面的上升给宁波带来的负面影响应当引起重视。

7.32　气候变化与朝代的兴衰有关系吗

我国著名气象学家、地理学家竺可桢将我国近 5000 年气温的变化划分出明显的四次暖期和四次冷期，四次暖期我国的平均气温比冷期普遍高 3～5℃。

暖期降水丰沛、风调雨顺，是历史上的气候适宜期，恰巧期间五谷丰登、国泰民安，正对应了中国历史上的四个繁荣昌盛的时代。第一暖期（公元前 3000 年至前1000 年），对应我国仰韶文化和安阳殷墟时期。在长达 2000 年的暖期中，我国从原始社会进入奴隶社会，生产关系从公有制转为私有制，物质文化发展由新石器时代进入铁器时代，直到周朝，农业和商业空前繁荣，为进入封建社会奠定了一定的基础。第二暖期（公元前 770 年至公元初）、第三暖期（公元 600 年至 960 年）、第四暖期（公元 1200 年至 1300 年）则分别对应着秦、汉、唐、元四个朝代，尤以汉代和唐代是我国历史上经济大发展的朝代。

令人感到诧异的是，四个冷期都恰好对应着北方游牧民族南下争夺中原的时期。第一冷期（公元前 1000 年至前 850 年）对应西周后期南夷与北狄交战时期。第二冷期对应各族统治者相互混战的"五胡乱华"时期。第三冷期（公元 1000 年至 1200 年）对应辽、金、西夏与北宋的纷争时期。第四冷期（公元 1400 年至 1700 年）对应东北地区的女真族发展壮大，推翻明朝，建立清朝的时期。

7.33　性格与气象有关吗

人的情绪、性格受气候的影响很大。早上醒来,如果是个阳光灿烂的晴天,精神就特别舒畅,反之,如果是阴霾的天气,就会垂头丧气。日本一位名作家和什哲郎对天气与人的性格关系很有研究,在他的名著《风土》中将人的性格归纳成三种:牧场型、沙漠型和季节风型。

欧洲人是牧场型性格,在大自然中无拘无束,培养出欧洲人特有的自由风格。沙漠型的人,必须面对自然残酷的挑战,他们通常比较团结,种族意识强烈,属于斗争的风格。季节风型的人,完全顺从自然,在大自然中学会忍辱负重,岛国日本就是典型写照。

7.34　城市化建设对气候有影响吗

气候变化除了其自然的波动外,人类活动的影响不可忽视。宁波市自 1987 年确定为计划单列市以来,城市规模和经济发展都令人瞩目。通过 1987—2005 年宁波市多项年度经济指标和人口规模与宁波市各地气温的相关分析,发现经济指标和人口规模与气温有不同程度的相关性。从全市范围来看,宁波全市年平均气温与国内生产总值、第一产业增加值、第二产业增加值、第三产业增加值、宁波市人口总数都有较好的正相关关系,表明经济活动和人口规模对气温变化都有显著影响,经济和人口规模越大则越利于全市气温的升高。就不同的市县来分析,经济指标和人口规模与当地气温的相关性表现是不尽相同的。分析发现,如果把全市划分为南北两片(北片包括慈溪、余姚、市区,南片为奉化、宁海和象山),则各项经济指标和人口规模与北部地区气温的相关性表现明显比南部好。城市的扩张和人口的增加,"热岛效应"凸显。

7.35　什么是厄尔尼诺,它对我们有什么影响

"厄尔尼诺(El Nino)"是西班牙语"圣婴"的意思,特指发生在赤道太平洋东部和中部的海水大范围持续异常偏暖现象。19 世纪初,在南美洲的厄瓜多尔、秘鲁等国的渔民们发现,每隔几年从 10 月至第二年的 3 月便会出现一股沿海岸南移的暖流,使表层海水温度明显升高。由于这种现象最严重时往往在圣诞节前后出现,于是渔民将其称为上帝之子——圣婴。厄尔尼诺的周期为 2～9 年,自 1951 年至今,共发生了 18 次厄尔尼诺事件。

厄尔尼诺事件对全球气候的影响巨大,我国的天气气候明显受其影响。

1963—1964年厄尔尼诺——干旱、洪涝:1963年,江南、华南地区发生大旱灾,湖南灾情最为严重,不少地区河溪断流,山塘、水库干涸,甚至多年未干过的泉井也断了水。8月,海河大水,华北遭遇罕见洪涝灾害,河北地区几乎是一片泽国,洪水淹没104个县市、7294万亩耕地,冲坏水库335座,冲毁铁路822处、全长1162 km,京广线中断行车27天。2200余万人受灾,1265万间房屋倒塌,直接经济损失60亿元。

1965—1966年厄尔尼诺——干旱:1965年,华北地区春、夏、秋三季发生特大旱灾,不少河流干涸,农作物的整个生长期都严重缺水,内蒙古牧区一半以上牲口饮水困难,受灾严重。

1982—1983年厄尔尼诺——暖冬:1983年年初,中国北方地区异常温暖,哈尔滨、沈阳、呼和浩特、乌鲁木齐和济南1月下旬气温为30年来最高值。

1991—1992年厄尔尼诺——洪涝:1991年,淮河、长江中下游和太湖流域发生大洪水,受灾人口达1亿以上,受灾农作物2.3亿亩,死亡1200多人,倒塌房屋数百万间,直接经济损失700亿元左右。

1997—1998年厄尔尼诺——中国夏季北热南凉、干旱、洪涝:1997年我国整个夏季高温中心在冀中南、鲁西、豫北、晋南和陕西关中,日最高气温达39～41℃,从6月中旬一直延续到8月下旬,连续八旬平均气温高于常年。1997年,长江以北大部地区降水偏少,干旱范围广,持续时间长,全国农作物受灾面积达5亿多亩,成灾面积达3亿亩。黄河从2月7日起多次出现断流,至11月21日累计断流222天,断流河段曾一度达700多千米。6—7月本应移至长江流域的雨带在1997年的厄尔尼诺事件中却仍徘徊在华南地区,形成雨量南大北小、南涝北旱之势。1998年6—8月,长江、松花江、嫩江流域发生特大洪水。受灾人口2.23亿,死亡4150人,倒塌房屋近5万间,受灾农作物3.18亿亩,成灾面积1.96亿亩,5000万亩绝收,700多万亩耕地遭到不同程度的毁坏,直接经济损失2342亿元。

同样,厄尔尼诺事件对宁波的天气气候也产生了巨大的影响。

1976—1977年厄尔尼诺——洪涝:1976年5月24日,受伸向浙江沿海的台风倒槽与南下冷空气的汇合影响,石浦雨量达285 mm,象山县有109个村庄、19.7万亩农田被淹。

1986—1988年厄尔尼诺——洪涝、低温冷害:1988年7月29日晚9时至30日上午9时,受东风波影响,宁海、奉化、余姚、鄞州部分地区遇突发性特大暴雨,宁海县黄坛、杨梅岭降雨498 mm、350 mm,四明山区降雨300 mm。大批山塘、水库、堤坝、桥梁及供电、通信设施被洪水冲毁,300个村庄、数万名群众受洪水围困,受淹农田3.33万hm²,倒房屋9748间,183人死亡。1987年4月11—16日的倒春寒天气造成已播早稻出现烂种烂芽、僵苗枯苗死苗,麦类生育期拉长、结实率和产量降低,油菜落花落荚、产量下降。

1997—1998 年厄尔尼诺——寒潮、洪涝：1998 年 3 月 19—21 日出现的寒潮，使市区 48 h 降温达 13.8℃，全市出现了大范围的降雪、雷暴、冻雨天气。受此影响，20 日 14 时 51 分至 17 时 23 分的约两个半小时内杭甬高速公路就发生 15 起交通事故，部分山区电线、电线杆被压断，供电中断达 3 天之久；榨菜根茎膨大受阻，竹笋春发困难，油菜结实率下降，樱桃、梨、李、桃等花瓣被冻伤，山区毛竹部分被压断，全市有 2000 只蔬菜大棚被雪压塌，明前茶损失一半以上。1997 年 8 月 18—19 日，受 9711 号台风影响，全市平均降水量达 182.5 mm，宁海超过 300 mm。其时正值农历七月半的天文大潮汛，"风、雨、潮"三碰头，市区三江口潮位达 5.18 m，超过百年一遇的标准。全市受灾面积达 275.139 万亩，成灾 183.81 万亩。洪涝造成 3042 家工厂企业停产，死亡 9.3 万头牲畜，倒塌房屋 2.6 万间，冲毁桥梁 123 座、公路路基 220 km，因灾死亡 19 人，失踪 26 人，经济损失达 45.43 亿元。

2002—2003 年厄尔尼诺——连阴雨、干旱：2002 年 4 月 15 日至 5 月 23 日的 39 天中，仅 5 天无雨（象山等地仅 1 天无雨），日照时数为历史同期最少值。阴雨寡照使早稻移栽推迟，栽后返青迟，分蘖缓，一代螟虫大发生；棉花、玉米等春播作物播后出苗不齐，素质较差；柑橘等果树落花落果多；蔬菜病害、渍害重，黄瓜霜霉病、番茄叶霉病的株发病率达 100%，严重影响了蔬菜产量和质量。2003 年 4 月起，雨量就比常年偏少，梅雨量又只有常年的 6 成，加之入夏后连续高温、蒸发量大，因此，进入 7 月后干旱发展很快，8 月上旬时不少地区的苗木、花卉和经济作物等大批旱死，供水供电告急，到 10 月底，象山的山塘和大部分中小型水库已经干涸。宁波受旱面积达 108 万亩，其中轻旱 61 万亩，重旱 38 万亩，干枯 9 万亩，有 36.65 万人饮水困难。

7.36　什么是拉尼娜

"拉尼娜"的字面意义是"女孩"，它也被称为"反厄尔尼诺"现象。"拉尼娜"是赤道附近东太平洋水温反常变化的一种现象，其特征恰好与"厄尔尼诺"相反，指的是洋面水温反常下降。拉尼娜与厄尔尼诺现象现在都成为预报全球气候异常的最强信号。

拉尼娜现象是由前一年出现的厄尔尼诺现象造成的庞大冷水区域在赤道东太平洋浮出水面后形成的。它的典型特征是中、东太平洋赤道地区海表温度距平降至 −0.5℃ 以下。因此，拉尼娜现象总是出现在厄尔尼诺现象之后。但是，并不是每次厄尔尼诺以后都会出现拉尼娜。据统计，不足一半的厄尔尼诺年之后会出现拉尼娜现象。

拉尼娜现象对气候的影响很难预测，因为它比厄尔尼诺现象更复杂，而且出现的次数又比厄尔尼诺现象少得多。但有一点可以肯定，它对气候正常变化会产生影响。不过,有关专家认为,拉尼娜现象对气候的影响不会有厄尔尼诺现象对气候的影响那样大。

7.37　如何划分四季

天文上以春分到夏至为春,夏至到秋分为夏,秋分到冬至为秋,冬至到春分为冬。我国古代以立春、立夏、立秋、立冬为四季的开端。

我国民间习惯以农历的正、二、三月为春,四、五、六月为夏,七、八、九月为秋,十、十一、腊月为冬。也有习惯以阳历的 3、4、5 月为春,6、7、8 月为夏,9、10、11 月为秋,12、1、2 月为冬。

但上述方法不能很好地反映某个地方实际气候的交替变化,有人提出按大自然各年表现的实际冷、暖来划分四季,称为自然天气季节。气象部门把到一定季节后连续五日平均气温低于 10℃定为冬季,高于 22℃为夏季,10～22℃之间为春、秋季。

7.38　何为"三九""三伏"

数九是我国劳动人民从长期实践中总结出来的,用来说明冬季的寒冷程度。从冬至起,每九天为一段,顺序叫一九,二九,三九,……,九九。按一般规律,从一九到三九前后,地面向天空散发的热量比获得的热量多,气温将逐渐降低,因此,三九是一年中天气最冷的时期,民间有"冷在三九"的说法。

"伏"分为初伏、中伏、末伏,"三伏"是一年中最热的时期。以夏至后第三个庚日(指干支纪日的天干)为初伏,第四个庚日为中伏,立秋后第一个庚日为末伏。每一个庚日一般相隔 10 天,初伏到中伏的时间固定是 10 天,中伏到末伏的时间因秋后有一伏,所以有时是 10 天,有时则是 20 天。

7.39　我国农历月份的别称有哪些

我国农历月份除了按自然数序表示外,还有不少有趣的别称。这些别称,有的以植物为象征,有的按季节列次序,有的取美好的传说,有的因行政而命名,还有的取日月交替或阴阳变更。譬如:

一月别称正月、主月、端月、孟春;

二月别称如月、杏月、仲春;

三月别称丙月、桃月、季春;

四月别称余月、清和月、槐月、孟夏；

五月别称皋月、榴月、蒲月、仲夏；

六月别称且月、荷月、伏月、季夏；

七月别称相月、巧月、霜月、孟秋；

八月别称壮月、桂月、仲秋；

九月别称玄月、菊月、季秋；

十月别称阳月、小阳春、孟冬；

十一月别称辜月、葭月、仲冬；

十二月别称除月、腊月、嘉平月、季冬。

7.40　天空为什么是蓝色的

大气分子对光的散射与光波长的四次方成反比，所以波长越短的光散射得越多。在太阳的七种颜色的光里，红光的波长最长，最不容易被散射掉，而波长较短的紫光和蓝光容易被散射掉。蓝光的散射是在接近地面的空间里发生的，所以被太阳照亮的天空从地面看上去呈蓝色或接近蓝色。

7.41　为什么夏季暴雨之前天气往往闷热

夏季暴雨之前，暴雨区的气流既暖和又含有很多水汽。这时人体内过多的热量就不容易散发出来，汗水也不可能很快地被蒸发，加上这时的气压明显降低，人就会感到闷热难受。

7.42　风是怎样形成的

不同地区之间的气压差是产生风的原因。空气总是从高气压地区向低气压地区流动，这种空气流动便产生了风。气压差的形成与太阳给地球各地区的热量差异有关。

7.43　海陆风是如何形成的

白天，地表受太阳辐射而增温，由于陆地土壤热容量比海水热容量小得多，陆地升温比海洋快得多,因此,陆地上的气温显著地比附近海洋上的气温高。于是海面和陆面之间产生了气压差,使空气从气压高的海面流向气压低的陆面,形成了风。到了夜间,海上气温高于陆地,就出现与白天相反的热力环流而形成由陆面吹向海面的风。

7.44 云是怎么形成的

云是悬浮在空中由大量水滴或(和)冰晶组成的可见聚合体。太阳暴晒时一部分水变成水蒸气升到空中,水蒸气越升越高,温度就越降越低,凝结(或凝华)成了小水滴(或冰晶)。它们汇集在一起,受到上升气流的支撑,飘浮在空中,就成了我们所看见的云。

7.45 大气如何成云致雨

成云过程是空气上升使气块饱和并出现水汽凝结现象。大气中总是有足够的凝结核,因此,这种凝结过程总是可以及时完成的。致雨过程是使云滴长大为降水粒子,主要是通过冰水转化过程和重力碰并过程。从云滴到雨滴不是很容易的事,云滴尺度为 $10~\mu m$ 量级,雨滴尺度为 $1~mm$ 量级,两者直径相差 100 倍,即要 100 万个云滴聚合在一起才成为一个小雨滴。通过观测发现,整个成云致雨的过程在几十分钟到几个小时内完成。

7.46 雨和雪是怎么产生的

雨和雪的产生都和云有关。悬浮在云中的小水滴经过凝结和碰并,形成较大的水滴。当水滴增大到无法继续悬浮在空中时,就会降到地面上,形成雨。当气温下降到 $0^{\circ}C$ 以下时,就形成了雪。

7.47 雷电是怎样形成的

雷电是伴有闪电和雷鸣的一种雄伟壮观而又有点令人生畏的放电现象。雷电一般产生于对流发展旺盛的积雨云中,云体中冰晶的凇附、水滴的破碎以及空气对流等过程使云中产生电荷,云中电荷的分布较复杂,但总体而言,云的上部以正电荷为主,下部以负电荷为主。因此,云的上、下部之间形成一个电位差。当电位差达到一定程度后,就会产生放电,这就是我们常见的闪电现象。放电过程中,由于闪电通道中温度骤增,使空气体积急剧膨胀,从而产生冲击波,导致强烈的雷鸣。这就是人们见到和听到的闪电雷鸣。

7.48　露和霜是怎么形成的

夜间的地面和近地面物体由于辐射冷却而变冷,空气中的水蒸气就会在其表面凝结成小水珠,形成露。如果温度在 0℃以下,水汽就会直接凝华,形成霜。

7.49　雪花为什么多呈六角形

这和水汽凝华结晶时的晶体习性有关。水汽凝华结晶成的雪花和天然水冻结的冰都属于六方晶系。六方晶系具有四个结晶轴,其中三个辅轴在一个基面上,互相以 60°的角度相交,第四轴(主晶轴)与三个辅轴所形成的基面垂直。六方晶系最典型的代表就像是几何学上的正六面柱体。当水汽凝华结晶的时候,如果主晶轴比其他三个辅轴发育得慢,并且很短,那么晶体就形成片状;倘若主晶轴发育很快,延伸很长,那么晶体就形成柱状。雪花之所以一般是六角形的,是因为沿主晶轴方向晶体生长的速度要比沿三个辅轴方向慢得多的缘故。

7.50　孟加拉国为何经常水患成灾

孟加拉国年降水量达到 2000～3000 mm,其东北部地处山地迎风坡,年降水量高达 5000～6000 mm。每年 7—9 月为雨季,降水丰沛,占全年降水量的 80%。当西南季风来得早,退得迟,势力强大时,降水强度增大、历时时间增长,常出现洪涝灾害。究其原因,与孟加拉国独特的地理特征和气候条件密不可分。

孟加拉国位于孟加拉湾之北、恒河平原的东南部,地处恒河、布拉马普特拉河的下游,其西为印度的东高止山脉,其东为缅甸的阿拉干山脉,其北为喜马拉雅山脉。当降水过于集中时,三面环山、河流众多的地理特征使得河道泛滥、泄洪不畅的事情时有发生。同时,这里是季风盛行区。每到夏季,陆地迅速增温,在印、孟北部上空形成低压区,由印度洋而来的西南季风带来温暖而又饱和的水汽,当受到山脉阻挡时即降下雨水,季风的进退给暴雨的发生制造了机会。

7.51 天空为什么会"破"个"洞",它有什么危害

臭氧在大气中从地面到 70 km 的高空都有分布,其最大浓度在中纬度 24 km 的高空,向极地缓慢降低,最小浓度在极地 17 km 的高空。20 世纪 50 年代末到 70 年代就发现臭氧浓度有减少的趋势。1985 年英国南极考察队在南纬 60°地区观测发现臭氧层空洞(南极"臭氧洞"),引起世界各国极大关注。臭氧层的臭氧浓度减少,使得太阳对地球表面的紫外辐射量增加,对生态环境产生破坏作用,影响人类和其他生物有机体的正常生存。关于臭氧层空洞的形成,在世界上占主导地位的是人类活动化学假说:人类大量使用的氯氟烷烃化学物质(如制冷剂、发泡剂、清洗剂等)在大气对流层中不易分解,当其进入平流层后受到强烈紫外线照射,分解产生氯游离基,游离基同臭氧发生化学反应,使臭氧浓度减少,从而造成臭氧层的严重破坏。为此,于 1987 年在世界范围内签订了限量生产和使用氯氟烷烃等物质的蒙特利尔协定。

7.52 酸雨是什么,它有什么危害

酸雨是指 pH 值小于 5.6 的雨雪或其他形式的降水。雨、雪等在形成和降落过程中,吸收并溶解了空气中的二氧化硫、氮氧化合物等物质,形成了 pH 值低于 5.6 的酸性降水。酸雨主要是人为的向大气中排放大量酸性物质所造成的。此外,各种机动车排放的尾气也是形成酸雨的重要原因。中国的酸雨主要因大量燃烧含硫量高的煤而形成的,多为硫酸雨,少为硝酸雨。

酸雨的危害表现在四个方面。一是对水生系统的危害,会丧失鱼类和其他生物群落,改变营养物和有毒物的循环,使有毒金属溶解到水中,并进入食物链,使物种减少和生产力下降。二是对陆地生态系统的危害,重点表现在土壤和植物。对土壤的影响包括抑制有机物的分解和氮的固定,淋洗钙、镁、钾等营养元素,使土壤贫瘠化。对植物,酸雨损害新生的叶芽,影响其生长发育,导致森林生态系统的退化。三是对人体的影响。通过食物链使汞、铅等重金属进入人体,诱发癌症和老年痴呆;酸雾侵入肺部,诱发肺水肿或导致死亡;长期生活在含酸沉降物的环境中,诱使产生过多氧化脂,导致动脉硬化、心梗等疾病概率增加。四是酸雨会腐蚀水泥、大理石,并能使铁金属表面生锈,导致建筑物容易受损,公园中的雕刻以及许多古代遗迹也容易受腐蚀。

7.53　北纬 30°有哪些神奇之处

　　沿地球北纬 30°线前行,既有许多奇妙的自然景观,又存在着许多令人难解的神秘、怪异现象。从地理布局大致看来,这里既是地球山脉的最高峰——珠穆朗玛峰的所在地,又是海底最深处——西太平洋的马里亚纳海沟的藏身之所。世界几大河流,比如埃及的尼罗河、伊拉克的幼发拉底河、中国的长江、美国的密西西比河,均是在这一纬度线入海。更加令人神秘难测的是,这条纬线贯穿世界上许多令人难解的著名的自然及文明之谜的所在地。比如恰好建在精确的地球陆块中心的古埃及金字塔群,以及令人难解的狮身人面像之谜,神秘的北非撒哈拉沙漠达西里的"火神火种"壁画,巴比伦的"空中花园",传说中的大西洲沉没处,以及令人惊恐万状的"百慕大三角区",让无数个世纪的人类叹为观止的远古玛雅文明遗址等。

主要参考文献

艾治平.1985.宋词的花朵——宋词名篇赏析.北京:北京出版社.

干风苗.2003.姚江志.北京:中国水利水电出版社.

高庆华,刘惠敏,聂高众,等.2003.中国21世纪初期自然灾害态势分析.北京:气象出版社.

胡毅,李萍,杨建功,等.2005.应用气象学.北京:气象出版社.

胡云翼.1978.唐宋词一百首.上海:上海古籍出版社.

矫梅燕.2010.现代天气业务.北京:气象出版社.

林东海.1981.诗法举隅.上海:上海文艺出版社.

林而达.2010.气候变化与人类——事实、影响和适应.北京:学苑出版社.

刘爱民,等.2009.宁波气候和气候变化.北京:气象出版社.

刘开杨.杜甫.1978.上海:上海古籍出版社.

宁波市农村经济委员会,石人光,陈有利.2000.宁波天气谚语与农谚.北京:中国农业科技出版社.

宁波市气象台.2015.宁波气象业务平台.内部资料.

宁波市气象学会.1998.气候诗歌一百首.北京:气象出版社.

冉学溱.1984.历法　节气　传统节日.重庆:重庆出版社.

孙治平,叶敏华.1986.惯用语一千条.上海:上海文艺出版社.

吴兑,邓雪娇.2001.环境气象学与特种气象预报.北京:气象出版社.

熊第恕.1983.气象谚语浅释.南昌:江西人民出版社.

许小峰.2010.现代气象服务.北京:气象出版社.

叶笃正,周家斌.2009.气象预报怎么做,如何用.北京:清华大学出版社.

袁正光.2000.当代科学知识简明读本.北京:改革出版社.

浙江省科学技术协会,海曙区科学技术协会.2013.全民科学生活方式.北京:研究出版社.

浙江省人民政府应急管理办公室,浙江省科学技术厅,浙江省地震局,等.2005.公众防灾应急手
　　册.杭州:浙江人民出版社.

中国农业科学院江苏分院.1960.农业气象学讲义.北京:农业出版社.

周琳,等.1983.生物气象.北京:气象出版社.

周淑贞,束炯.1994.城市气候学.北京:气象出版社.

邹荻帆.1985.诗的欣赏与创作.北京:三联书店.

附　　录

1. 气候之最

1.1　世界气候之最

1861 年,位于世界屋脊喜马拉雅山南麓的印度阿萨密邦的乞拉朋齐一年里下了 20447 mm 的雨量,夺得了世界雨极的称号。以后来自世界各大洲的年雨量记录都远远落在它的后面,可望而不可即。时隔 99 年以后,1960 年 8 月至 1961 年 7 月乞拉朋齐以 26461.2 mm 的成绩打破了它自己的纪录,蝉联了世界"雨极"的荣誉! 26461.2 mm 是一个十分惊人的数字,它比台湾省火烧寮于 1912 年创造的我国"雨极"的纪录 8408 mm 多了 18053.2 mm,比宁波 18 年的总降水量还多。

在南美洲智利北部沙漠里,有一个不知名的地方,从 1845 年到 1936 年整整 91 年里没有落过一滴雨,因此成了世界"旱极"。

盛夏温度在 35℃ 以上时,人们已经感到热不可耐了。其实,35℃ 算得了什么! 我国新疆吐鲁番盆地,号称"火焰山",那里出现了 49.6℃ 的最高气温,才是真正的热了。要是放眼世界,49.6℃ 又算得了什么! 早在 1879 年 7 月,在阿尔及利亚的瓦拉格拉就测到了 53.6℃ 的最高气温,遥遥领先于吐鲁番盆地的记录,此后 30 多年里没有突破。可是到了 1913 年 7 月,在美国加利福尼亚州的岱斯谷中测得了 56.7℃ 的温度,夺得了世界热极的称号。不到 10 年,1922 年 9 月利比里亚的加里延温度突然上升到了 57.8℃ 的最高纪录,"热极"又从北美洲大陆搬回了非洲。

1838 年,俄国商人尼曼诺夫路经西伯利亚的雅尔库次克,无意中测得了一次零下 60℃ 的最低温度,在当时引起了一场轰动,但是谁也不太相信这位商人测得的记录是正确的。47 年以后的 1885 年 2 月,位于 64°N 的奥依米康,人们测得了零下 67.8℃ 最低温度,这一次真正获得了世界"寒极"的称号。1957 年 5 月,位于南极"极点"的美国安莫森—斯考托观测站传出了一个惊人的消息,那里的最低气温降到零下 73.6℃,因而世界"寒极"由北半球迁到南极去了。同年 9 月,这个观测站又记录到了一个更冷的零下 74.5℃温度。

1.2 中国气候之最

1 月平均气温最低的地方——漠河(−30.6℃);

1 月平均气温最高的地方——南海西沙(22.8℃);

7 月平均气温最低的地方——青藏高原的伍道梁(5.5℃);

7 月平均气温最高的地方——吐鲁番盆地(33℃);

极端气温最高的地方——吐鲁番盆地(49.6℃);

极端气温最低的地方——漠河(−52.3℃);

气温年较差最大的地方——黑龙江省的嘉荫(49.2℃);

气温年较差最小的地方——南海西沙(6.1℃);

全年平均气温最低地方——青藏高原的伍道梁(−5.8℃);

全年平均气温最高的地方——南海西沙(26.4℃);

冬至日,昼最短、夜最长的地方——漠河(昼长:7 h 30 min,夜长:16 h 30 min);

夏至日,昼最长、夜最短的地方——漠河(昼长:16 h 30 min,夜长:7 h 30 min);

年平均降水量最多的地方——台湾的火烧寮(6558 mm);

年平均降水量最少的地方——吐鲁番盆地的托克逊(5.9 mm);

年平均降水天数最多的地方——峨眉山(264 天);

年平均降水天数最少的地方——新疆民丰安得河(9.6 天)。

1.3 宁波气候之最

极端最低气温——−11.1℃(奉化 1977 年);

极端最高气温——43.5℃(奉化 2013 年);

年降水量最多——2312.6 mm(象山 2012 年);

年降水量最少——675.6 mm(慈溪 1967 年);

极端极大风风速——57.9 m/s(石浦 1987 年);

年日照时数最多——2403.5 h(鄞州 1963 年);

年日照时数最少——1318.4 h(象山 2014 年);

年高温日数最多——58 天(余姚 2013 年);市区 46 天(2003 年);

年高温日数最少——1 天(北仑 1974 年、宁海 1962 年、象山 1981 年、鄞州 1972 年);

年雨日最多——254 天(鄞州 1975 年);

年雨日最少——135 天(象山 1988 年);

入梅时间最早——1954 年 5 月 18 日;

入梅时间最迟——1959、1969 年 6 月 28 日;

出梅时间最早——1961 年 6 月 15 日；

出梅时间最迟——1954 年 8 月 2 日；

梅雨期最长——76 天(1954 年)；

梅雨期最短——2 天(1958 年)；

梅雨量最多——782.8 mm(1954 年)；

梅雨量最少——21.5 mm(2006 年)；

最长连续降水日数——32 天(石浦 1967 年)；

最早影响台风——0601 号台风"珍珠"(2006 年 5 月 18 日)；

最晚影响台风——0428 号台风"南玛都"(2004 年 12 月 4 日)；

2. 扩大的蒲福风力等级表及巧记口诀

风力级数	名称	海面状况		海岸船只征象	陆地地面征象	相当于空旷平地上标准高度 10 m 处的风速		
		海浪				n mile/h (海里)	m/s	km/h
		一般 (m)	最高 (m)					
0	静风	—	—	静	静，烟直上	小于 1	0～0.2	小于 1
1	软风	0.1	0.1	平常渔船略觉摇动	烟能表示风向，但风向标不能动	1～3	0.3～1.5	1～5
2	轻风	0.2	0.3	渔船张帆时，每小时可随风移行 2～3 km	人面感觉有风，树叶微响，风向标能转动	4～6	1.6～3.3	6～11
3	微风	0.6	1.0	渔船渐觉颠簸，每小时可随风移行 5～6 km	树叶及微枝摇动不息，旌旗展开	7～10	3.4～5.4	12～19
4	和风	1.0	1.5	渔船满帆时，可使船身倾向一侧	能吹起地面灰尘和纸张，树的小枝摇动	11～16	5.5～7.9	20～28
5	清劲风	2.0	2.5	渔船缩帆（即收去帆之一部）	有叶的小树摇摆，内陆的水面有小波	17～21	8.0～10.7	29～38
6	强风	3.0	4.0	渔船加倍缩帆，捕鱼须注意风险	大树枝摇动，电线呼呼有声，举伞困难	22～27	10.8～13.8	39～49
7	疾风	4.0	5.5	渔船停泊港中，在海者下锚	全树摇动，迎风步行感觉不便	28～33	13.9～17.1	50～61
8	大风	5.5	7.5	进港的渔船皆停留不出	微枝拆毁，人行向前，感觉阻力甚大	34～40	17.2～20.7	62～74
9	烈风	7.0	10.0	汽船航行困难	建筑物有小损（烟囱顶部及平屋摇动）	41～47	20.8～24.4	75～88

续表

风力级数	名称	海面状况		海岸船只征象	陆地地面征象	相当于空旷平地上标准高度 10 m 处的风速		
		海浪				n mile/h（海里）	m/s	km/h
		一般（m）	最高（m）					
10	狂风	9.0	12.5	汽船航行颇危险	陆上少见,见时可使树木拔起或使建筑物损坏严重	48～55	24.5～28.4	89～102
11	暴风	11.5	16.0	汽船遇之极危险、	陆上很少见,有则必有广泛损坏	56～63	28.5～32.6	103～117
12	飓风	14.0	—	海浪滔天	陆上绝少见,摧毁力极大	64～71	32.7～36.9	118～133
13	—	—	—	—	—	72～80	37.0～41.4	134～149
14	—	—	—	—	—	81～89	41.5～46.1	150～166
15	—	—	—	—	—	90～99	46.2～50.9	167～183
16	—	—	—	—	—	100～108	51.0～56.0	184～201
17	—	—	—	—	—	109～118	56.1～61.2	202～220

扩大的蒲福风力等级中将风力划分为 17 级,但每一级风力对应的风速是多少,人们往往难以记住,有什么好的方法可以方便记忆呢? 下面这首口诀或许可以帮上忙:

二是二来一是一,三级三上加个一;
四到九级不难记,级数减二乘个三;
十级以上不多见,记牢十级就好办;
十级风速二十七,每加四米多一级。

3. 传统二十四节气

节气	时间	气象变化描述
立春	2月4日或5日	谓春季开始之节气
雨水	2月18—20日	此时冬去春来,气温开始回升,空气湿度不断增大,但冷空气活动仍十分频繁
惊蛰	3月5日或6日	指春天蛰伏土中的冬眠生物开始活动。惊蛰前后乍寒乍暖,气温和风的变化都较大
春分	3月20日或21日	阳光直照赤道,昼夜几乎等长。我国广大地区越冬作物将进入春季生长阶段

节气	时间	气象变化描述
清明	4月5日前后	气温回升,天气逐渐转暖
谷雨	4月20日前后	雨水增多,利于谷类生长
立夏	5月5日或6日	万物生长,欣欣向荣
小满	5月20日或21日	麦类等夏熟作物此时颗粒开始饱满,但未成熟
芒种	6月6日前后	此时太阳移至黄经75°。麦类等有芒作物已经成熟,可以收藏种子
夏至	6月22日前后	日光直射北回归线,出现"日北至,日长至,日影短至",故曰"夏至"
小暑	7月7日前后	入暑,标志着我国大部分地区进入炎热季节
大暑	7月23日前后	正值中伏前后。这一时期是我国广大地区一年中最炎热的时期,但也有反常年份,"大暑不热",雨水偏多
立秋	8月7日或8日	草木开始结果,到了收获季节
处暑	8月23日或24日	"处"为结束的意思,表示暑气即将结束,天气将变得凉爽了。由于正值秋收之际,降水十分宝贵
白露	9月8日前后	由于太阳直射点明显南移,各地气温下降很快,天气凉爽,晚上贴近地面的水汽在草木上结成白色露珠,由此得名"白露"
秋分	9月22日前后	日光直射点又回到赤道,形成昼夜等长
寒露	10月8日前后	此时太阳直射点开始向南移动,北半球气温继续下降,天气更冷,露水有森森寒意,故名为"寒露"
霜降	10月23日前后	黄河流域初霜期一般在10月下旬,与"霜降"节令相吻合,霜对生长中的农作物危害很大
立冬	11月7日前后	冷空气活动增多,黄河流域开始进入冬季
小雪	11月22日前后	北方冷空气势力增强,气温迅速下降,降水出现雪花,但此时为初雪阶段,雪量小,次数不多,黄河流域多在"小雪"节气后降雪
大雪	12月7日前后	此时太阳直射点快接近南回归线,北半球昼短夜长
冬至	12月22日前后	此时太阳直射南回归线,北半球则形成了"日南至、日短至、日影长至",成为一年中白昼最短的一天。冬至以后北半球白昼渐长,气温持续下降,并进入年气温最低的"三九"
小寒	1月5日前后	此时气候开始寒冷
大寒	1月20日前后	一年中最寒冷的时候

宁波二十四节气农事歌:

> 一月小寒六或七,大寒二十或廿一。
>
> 换灰换便煤焦泥,空时还去做副业。
>
> 二月四五立春日,雨水十九或二十。
>
> 草子方嫩防人拉,果树趁时把枝接。
>
> 三月五六为惊蛰,廿一廿二春分及。
>
> 荞菜剥叶留芯子,油菜打蕻卖市集。

四月五六清明天，二十廿一谷雨连。

早稻插秧笋旺市，席草下本牛耕田。

五月六七立夏遭，廿一廿二小满到。

倭豆收萁菜收子，高田种蔬低种稻。

六月六七为芒种，廿一廿二夏至逢。

牛羊鸡猪瓜茄稻，各须防病并防虫。

七月七八是小暑，廿三廿四是大暑。

当空日头如火烧，踏车赶水莫小驻。

八月八九为立秋，廿三廿四为处暑。

早稻遍地铺黄金，看看怎会介有趣。

九月八九白露至，廿三廿四秋分是。

天气慢慢冷拢来，晚稻亦将结谷子。

十月八九寒露是，霜降就在廿三四。

芋艿好掘黄豆打，备种油菜撒草子。

十一七八立冬临，廿二廿三小雪辰。

就说冬至无竖稻，阿拉故要割晚青。

十二七八大雪啦，冬至即在廿二三。

解好公粮补牛圈，买得年货满担担。

宁波九九歌：

一九二九绞开臼，

三九四九滴水不流，

五九四十五，埠头窜鲤鱼，

六九五十四，笆头出嫩枝，

七九六十三，破衣两头甩，

八九七十二，黄干睏阴地，

九九八十一，飞爬一齐出。

4. 宁波市应对极端天气停课安排和误工处理实施意见

根据《中华人民共和国突发事件应对法》及气象、防汛等有关法律法规，宁波市已针对可能发生、对社会和公众影响较大的台风、雨雪冰冻和大气重污染等灾害分别制定了应急预案，并按照灾害的紧急程度、发展势态和可能造成的危害程度，明确了在Ⅰ级（红色）、Ⅱ级（橙色）、Ⅲ级（黄色）、Ⅳ级（蓝色）预警级别下的应急响应措施。为进一步科学有序应对极端天气，强化应急响应措施的组织实施，构建全市共同防范和应对极端天气的应急响应机制,有效避免和减轻灾害对人民群众生命和财产安全造成的损失,保障城乡运行安全,现就宁波市应对极端天气红色预警的停课安排和误工处理提出如下实施意见:

一、适用范围

当宁波市发布台风、暴雨、暴雪、道路结冰和大气重污染等灾害红色预警信号(以下简称"灾害红色预警",图标及标准见附件)时,适用本实施意见。

二、停课安排

(一)当日 22:00 前发布灾害红色预警且在 22:00 维持的,或当日 22:00 至次日 6:00 灾害红色预警且在 6:00 维持的,各中小学校(含幼托园所、中等职业学校,以下统称"学校")次日(当日)要全天停课,并对因不知情等原因到校的学生做好相应安排;6:00 以后发布灾害红色预警的,未启程上学的学生不必到校上课,已到校的学生服从学校安排,上学、放学途中的学生应就近选择安全场所;上课期间发布红色预警的,学校可继续上课,并做好安全防护工作。

(二)学校要根据本实施意见,事先制定具体应对计划,细化完善相应措施,健全值班制度,并做好与学生家长的沟通。

(三)高等院校、教育培训机构等参照本实施意见,自行制定具体应对计划,明确应对措施。

三、误工处理

(一)当发布灾害红色预警时,除政府机关和直接保障城乡运行的企事业单位外,其他用人单位可采取临时停产、停工、停业等措施。

(二)用人单位要从保护职工安全角度出发,根据本实施意见,事先制定具体应对计划,明确应当或无须上班的人员和情形条件,以及复产、复工、复业的情形,并告知职工。灾害红色预警发布后,用人单位和职工要按照制定的具体应对计划,采取相应措施。应当上班而不能按时到岗的职工,要及时与本单位联系。

(三)职工因灾害红色预警造成误工的,用人单位不得作迟到、缺勤处理,并不得以此理由对误工者给予纪律处分或解除劳动关系等。

(四)在工作时间发出灾害红色预警的,用人单位要按照有关法律法规和其他相关规定,及时停止港口、在建工地等不适合在此气象条件下的户外作业和大型活动。

四、其他事项

(一)气象部门负责发布和解除台风、暴雨、暴雪、道路结冰灾害红色预警,具体发布和解除流程另行制定。大气重污染红色预警发布和解除按照《宁波市人民政府办公厅关于印发宁波市大气重污染应急预案(试行)的通知》(甬政办发〔2014〕5 号)及相关规定执行。

(二)当发布部分区域灾害红色预警时,在该区域的学校和用人单位要按照本实施意见执行,其他区域可维持正常学习、工作秩序,但要妥善处理相关学生和职工的迟到、误工等情况。

（三）广播、电视及移动电视、政务微博、政府门户网站等管理部门要落实信息播发工作，及时、有效地发出预警及相关信息。民航、水运、铁路、道路交通等部门、单位要加强运营信息发布工作。市教育、人力资源社会保障、安全生产监管等部门要按照本实施意见，对学校、用人单位保护学生、职工安全工作加强指导。

（四）公众要注意收听、收看和查询最新预警信息，并学习防灾减灾知识，了解预警信号含义和要求，增强自我防范意识和能力。学生家长要切实承担未成年人的监护责任。

（五）气象灾害其他灾种预警以及台风、暴雨、暴雪、道路结冰和大气重污染橙色以下（含橙色）级别预警的应急响应措施，按照相应的应急预案执行。

本实施意见自 2014 年 12 月 1 日起施行。此前因灾害红色预警停课、停业的相关规定停止执行。

附件：台风、暴雨、暴雪、道路结冰和大气重污染红色预警信号图标及标准
一、台风红色预警信号图标及标准

图标：

标准：6 h 内可能或者已经受热带气旋影响，并可能持续，风力达到以下标准：
内陆：平均风力 10 级以上或阵风 12 级以上；
沿海：平均风力 12 级以上或阵风 14 级以上。
二、暴雨红色预警信号图标及标准

图标：

标准：3 h 内降雨量将达 100 mm 以上，或者已达 100 mm 以上，可能或已造成严重影响且降雨可能持续。
三、暴雪红色预警信号图标及标准

图标：

标准：6 h 内降雪量将达 15 mm 以上，或者已达 15 mm 以上且降雪持续，可能或者已经对交通或者农牧业有严重影响。

四、道路结冰红色预警信号图标及标准

图标：

标准：路表温度低于0℃，出现降水，2 h内可能出现或者已经出现对交通有很大影响的道路结冰。

五、大气重污染红色预警信号图标及标准

图标：

标准：未来1天空气质量指数（AQI）日均值达到401以上，空气质量为特别严重污染。